中国人的时间智慧

——一本书读懂二十四节气

张勃 郑艳 著

图书在版编目（CIP）数据

中国人的时间智慧：一本书读懂二十四节气 / 张勃，
郑艳著. -- 北京：中国书籍出版社，2021.1
（中国文化经纬 / 王守常主编）
ISBN 978-7-5068-8267-5

Ⅰ. ①中… Ⅱ. ①张… ②郑… Ⅲ. ①二十四节气—
基本知识 Ⅳ. ①P462

中国版本图书馆CIP数据核字（2020）第265821号

中国人的时间智慧：一本书读懂二十四节气

张勃　郑艳　著

责任编辑　牛　超　卢安然
责任印制　孙马飞　马　芝
封面设计　东方美迪
出版发行　中国书籍出版社
地　　址　北京市丰台区三路居路 97 号（邮编：100073）
电　　话　（010）52257143（总编室）　（010）52257140（发行部）
电子邮箱　eo@chinabp.com.cn
经　　销　全国新华书店
印　　刷　三河市顺兴印务有限公司
开　　本　635毫米×970毫米　1/16
字　　数　354千字
印　　张　20.75
版　　次　2021 年 1 月第 1 版　2021 年 1 月第 1 次印刷
书　　号　ISBN 978-7-5068-8267-5
定　　价　58.00 元

总　序

二十世纪三十年代，陈寅恪先生在冯友兰《中国哲学史》下册的《审查报告》中说："窃疑中国自今日以后，即使能忠实输入北美或东欧之思想，其结局当亦等于玄奘唯识之学，在吾国思想史上既不能居最高之地位，且亦终归于歇绝者。其真能于思想上自成系统，有所创获者，必须一方面吸收输入外来之学说，一方面不忘本来民族之地位。此二种相反而适相成之态度，乃道教之真精神，新儒家之旧途径，而二千年吾民族与他民族思想接触史之所昭示者也。"今天读陈先生的话，感慨良多。先生所言之义：佛教传入中国，其教义与中国思想观念制度无一不相冲突。然印度佛教在近千年的传播过程中不断调适，亦经国人改造接受，终成中国之佛教。这足以告知我们外来思想与中国本土思想能够融合、始相反终相成之原因，在于"必须一方面吸收输入外来之学说，一方面不忘本来民族之地位”。这就是我们经常讲的，当下中国文化必须“返本开新”。如有其例外者，则是“忠实输入不改本来面目者，若玄奘唯识之学，虽震荡一时之人心，而卒归于消沈歇绝”。

我以为近代中国落后于西方，不应简单视为文化落后，而是二千多年的农业文明在十八世纪已经无法比肩欧洲工业文明之生产效率与市场资源的合理配置，由此社会政治、国家管理制度也纰漏丛生。由是而观当下之中国，体制改革刻不容缓，而从五四时代以来的文化批判也需深刻反思。启蒙运动对传统文化的批评固然有时代需求，未经理性拷问的传统文化无法随时代而重生。但“五四运动”的先贤们也犯了“理性科学的傲慢”，他们认为旧的都是糟粕，新的都是精华，以二元对立的思考将传统与现代对峙而观，无视传统文化在代际之间促成了代与代的连续性与同一性，从而形成了一个社会再创造自己的文化基因。美国学者席尔思写了一部书《论传统》，他说：传统是围绕人类的不同活动领域而形成的代代相传的行为方式，是一种对社会行为具有规范作用和道德感召力的文化力量，同时也是人类在历史长河中的创造性想象的沉淀。因而一个社会不可能完全排除其传统，不可能一切从头开始或完全取而代之以新的传统，而只能在旧传统的基础上对其进行创造性的改造。此言至矣！传统与现代不应仅在时间序列上划分，在文化传承上可理解为“传统”是江河之源，而“现代”则是江河之流。“现代”对“传统”的理性诠释，使“传统”在“现代”得以重生。由此，以“同情的敬意”理解自己民族的文化传统是当下中国的应有之义，任何历史文化的虚无主义都要彻底摒弃。从“五四”先行者到今天的一些名士，他们对传统文化进行激烈批判，却也无法摆脱传统文化对自己的思维方式和价值观念的影响。这样的事实岂可漠视。

这套《中国文化经纬》丛书是在 1993 年刊行的《神州文化集成》丛书的基础上重新选目、修订而成。自那时到今天，持续多年的“文化热”、“国学热”，昭示着国人对自己民族文化的认同还处在进行时。文化决定了一个民族的性格，民族性格决定了一个民族的命运。中国文化书院成立至今已有 30 年了，书院同仁矢志不移地秉承着“让世界文化走进中国，让中国文化走向世界”之宗旨，不负时代的责任与担当。此次与中国书籍出版社合作出版这套丛书，期盼能在民族文化的自觉、自信、自强上有新的贡献。

王守常

2014 年 12 月 8 日

于北京大学治贝子园

目　录

二十四节气概述

二十四节气是中国人将回归年划分为 24 个段落并分别予以命名的一种时间制度，包括冬至、小寒、大寒、立春、雨水、惊蛰、春分、清明、谷雨、立夏、小满、芒种、夏至、小暑、大暑、立秋、处暑、白露、秋分、寒露、霜降、立冬、小雪和大雪。作为中国传统历法的重要内容，二十四节气是一种特殊的阳历，它将时间的流转直接与特定的季节、物候、气候相关联，顺天应时是它的基本精神。长期以来，二十四节气在国计民生中发挥着重要作用，它是国家礼仪的时间准绳，也是农业生产的指南针和日常生活的方向标。二十四节气文化丰富多彩，既有国家祭典，又有生产仪式和习俗活动，还有谚语、歌谣、传说、诗词、工艺品、书画等各种文艺作品，是中华民族宝贵的文化遗产，也是中华民族对人类社会的重要贡献。

二十四节气：中国人的时间制度

2016年11月30日，在埃塞俄比亚首都亚的斯亚贝巴召开的联合国教科文组织保护非物质文化遗产政府间委员会第十一届常会经过审议，将中国申报的“二十四节气——中国人通过观察太阳周年运动而形成的时间知识体系及其实践”列入人类非物质文化遗产代表作名录。喜讯一经传出，迅速引发全民关注。一时间，万众欢腾，人们为人类非物质文化遗产代表作项目大家庭中再添新的中国成员感到由衷的自豪和高兴。那么二十四节气是什么？它是怎样形成的？又为什么出现于中国大地上呢？

一、二十四节气是一种特殊的太阳历

二十四节气是中国传统历法的重要内容。万物生长靠太阳。几乎所有的文明在认识大自然的过程中都不会忽视太阳的作用，二十四节气的划分依据就是太阳周年视运动。二十四节气是中国人将回归年[①]划分为24个段落并分别予以命名的一种时间制度，包括立春、雨水、惊蛰、春分、清明、谷雨、立夏、小满、芒种、夏至、小暑、大暑、立秋、处暑、白露、秋分、寒露、霜降、立冬、小雪、大雪、冬至、小寒

① 回归年，又称太阳年，是太阳中心自西向东沿黄道从春分点到春分点所经历的时间。每个回归年的时间长短并不相等。根据公元1980年—2100年回归年的时间长度计算，1回归年的平均时长为365.2422日，即365天5小时48分46秒。

和大寒。[①]更确切地说，二十四节气包括十二节与十二气（中气），从立春开始，处于奇数位的都是节，包括立春、惊蛰、清明、立夏、芒种、小暑、立秋、白露、寒露、立冬、大雪和小寒；处于偶数位的都是中气，包括雨水、春分、谷雨、小满、夏至、大暑、处暑、秋分、霜降、小雪、冬至、大寒。

二十四节气是一种太阳历，和同属太阳历性质的公历日期基本对应。但与公历不同的是，这一时间制度是太阳历与物候历的结合，它将时间的流转直接与特定的季节、物候、气候相关联。这首先突出体现在二十四节气的名称上。24个节气名称中，有8个反映了季节的变化，即立春、立夏、立秋、立冬、春分、秋分、夏至和冬至；有4个反映了物候的变化，即惊蛰、清明、小满和芒种，有5个反映了温度的变化，即小暑、大暑、处暑、小寒和大寒；有7个反映了气候的变化，即雨水、谷雨、白露、寒露、霜降、小雪、大雪。其次，突出体现在附属于二十四节气的七十二候上。

关于七十二候的完整记载，最早见于公元前2世纪的《逸周书·时训解》。五日为一候，一个节气分三候，一年

---

① 划分二十四节气的方法有两种，一种叫平气，一种叫定气。平气也叫恒气，是将一个回归年（时长约为365.2422日，古人称为岁实）平均分成24份，每一份为一个节气，这样每一个节气的时长相等，约为15.218日（365.2422÷24），即每过大约15.218日就交一个节气。这是古代历法家常用的方法。定气是以太阳在黄道上的位置为标准，自春分点起算，黄经每隔15°为一个节气。由于太阳视运动在黄道上的运行速度不同，所以节气的时间长短就不一样。冬至前后运行得快，一个节气长14天多；夏至前后运行得慢，一个节气长15天多。定气法在清朝《时宪历》中正式使用，现在划分二十四节气的方法也是定气法。

二十四节气共七十二候。各候都以一个物候现象相应，称候应。其中植物候应包括植物的幼芽萌动、开花、结实等；动物候应包括动物的始振、始鸣、交配、迁徙等；非生物候应有始冻、解冻、雷始发声等。比如立夏节气的三候是：初候，蝼蝈鸣；二候，蚯蚓出；三候，王瓜生。立冬节气的三候是：初候，水始冰；二候，地始冻；三候，雉入大水为蜃。

二、二十四节气的完整出现是漫长的过程

二十四节气是天文历与物候历的精妙结合，是中华民族的伟大创造，是古代民众在长期生产实践中不断求索、认知、总结的智慧结晶，它的完整出现是一个漫长的历史过程。历史学家柳诒徵曾在《中国文化史》一书中简要而精当地概述了中国古人测量时间的方法与过程："古之圣哲，殚精竭力，绵祀历年，察悬象之运行，示人民以法守。自羲、农，经颛顼，迄尧、舜，始获成功。"这其中应该包括对节气的探索与掌握。

节气到底起源于何时呢？对此学术界意见不一，有的认为殷商时代已经有了夏至、冬至的概念，有的则不以为然。2003 年考古学家在山西襄汾发现了陶寺观象台遗址，该观象台有 13 根夯土柱，呈弧形，长 19.5 米，半径 10.5 米。考古队在原址复制模型进行模拟实测，从观测点通过土柱狭缝观测塔儿山日出方位，发现从第 2 个狭缝看到日出为冬至日，第 12 个狭缝看到日出为夏至日，第 7 个狭缝看到日出为春分日和秋分日。有学者据此认为至少 4000 年前我国已经有了相

当成熟的测定节气的专门技术。学者冯时根据河南濮阳西水坡45号墓的墓穴形状表现了二分日及冬至日的太阳周日视运动轨迹，认为早在公元前4500年已经对分至有所认识。

尽管学者观点不一，但至少西周时期已能测定四个节气。一般认为，《尚书》保存了较多的西周史料，《尚书·尧典》中有如下记载：

乃命羲和，钦若昊天，历象日月星辰，敬授人时。

分命羲仲，宅嵎夷，曰旸谷。寅宾出日，平秩东作。日中，星鸟，以殷仲春。厥民析，鸟兽孳尾。

申命羲叔，宅南极，曰交阯。寅敬致日，平秩南为。日永，星火，以正仲夏。厥民因，鸟兽希革。

分命和仲，宅西土，曰昧谷。寅饯纳日，平秩西成。宵中，星虚，以殷仲秋。厥民夷，鸟兽毛毨。

申命和叔，宅朔方，曰幽都。寅在易日，平秩朔伏。日短，星昴，以正仲冬。厥民隩，鸟兽鹬毛。

帝曰："咨！汝羲暨和。期三百有六旬有六日，以闰月定四时，成岁。允厘百工，庶绩咸熙。"

这里讲到帝尧命令羲氏与和氏家族的四个人，即羲仲、羲叔、和仲、和叔分赴东、南、西、北四方，观测日月星辰的运行规律和禽鸟野兽的生活规律，测量时间并通告天下。其中，日中、日永、宵中、日短，即指四个节气，也就是后来的春分、夏至、秋分和冬至。特别值得说明的是，此时已经测定了一个回归年的长度为366天，并掌握了设置闰月调和年岁的方法。

随着天文观测能力和气象测定能力的提高，至迟春秋时期，在二分二至的基础上又增加了四立，即立春、立夏、立秋、立冬，这样，我们平常所说的“四时八节”就全部出现了。这在《左传》僖公五年和昭公十七年中有明确记载，当时称为“分”“至”“启”“闭”。如昭公十七年云：“凤鸟氏，历正也。玄鸟氏，司分者也。伯赵氏，司至者也。青鸟氏，司启者也。丹鸟氏，司闭者也。”其中分指春分、秋分，至指冬至、夏至，启指立春、立夏，闭指立秋、立冬。

西汉《淮南子·天文训》中有二十四节气的完整记载，当时节气的顺序与现在相同，但名称略有差异，如惊蛰为雷惊蛰，清明为清明风，白露为白露降等。而在另外一本较早完整记录了二十四节气的著作《逸周书》中，节气的顺序与现在的有所不同，惊蛰位于雨水前，谷雨位于清明前。这都反映了二十四节气是经过一番调整才最终确定下来的。到汉武帝时，节气被订入《太初历》中。中国传统历法是阴阳合历，节气正是其中的阳历成分。

三、圭表测影与二至二分的确定

从二十四节气的发展历程看，二至二分的确定具有基础性意义，那么古人是怎么发现这四个节气的呢？

根据文献记载和考古发现，使用的方法应该是圭表测影。远古时期的人们，日出而作，日落而息，很早就发现太阳有着每天东升西落的运行轨迹，而物体在阳光的照射下会投出影子，影子则随着太阳的运行呈现出有规律的变化。一方面，影子的长短会改变。一天之中，早晨的影子长，随着时间的推移，影子逐渐变短，一过中午又重新变长；一年之中，影子长短也会改变，同样是正午，冬天的影子比夏天的影子要长。另一方面，影子的方向在改变。一天之中，不同时刻的影子方向有偏差。早晨的影子在西方，中午的影子在北方，傍晚的影子在东方；一年之中，冬半年太阳从东南方向出来，日影朝向西北。夏半年太阳从东北方向出来，日影朝向西南。为了更好地利用日影把握时间和方向，人们就发明了圭表测影的方法。圭表是测日影的仪器，其中立于平地上的标杆或石柱叫做表；正南正北方向平放的可以测量表影长度的刻板，叫做圭。当太阳照着表的时候，圭上就会出现表的影子，根据影子的方向和长度，就能读出时间。

我国使用圭表测量日影的历史十分悠久。据史书记载，周公姬旦辅佐武王灭商之后，考虑到王朝偏居西方对于治理国家十分不便，于是决定选择地中并在其附近建设都邑。周公对地中的选择，就是以圭表测影为依据的：“以土圭之法测土深，正日景，以求地中……日至之景，尺有五寸，谓之地中。天地之所合也，四时之所交也，风雨之所会也，阴阳之所和也。”也就是说，在夏至的时候，立八尺之表，测其影长，影长 1 尺 5 寸的地方，即是地中。关于周公测影以定地中的说法，到底是否历史真实，难以断言，但是圭表测影的方法在周朝已经出现应该是没有问题的。现在河南登封市区东南十五公里的告城镇北周公祠前还建有周公测影台。据清乾隆二十年（1755 年）碑文记载，原测影台为东周所建，今已不存。现存测影台为唐开元十一年（723 年）所建，是纪念周公地中测影的标志物。元代学者杨奂有咏《测景台》诗云：“一片开元石，愈知天地中。今宵北窗梦，或可见周公。”[①]

在目前已知的文献中，最早的影长记录见于《周髀算经》。八尺之表在二十四个节气中的影长均得到记录，其中“冬至晷长一丈三尺五寸，夏至晷长一尺六寸。……春分七尺五寸五分；……秋分七尺五寸五分，……”同时又说：“凡为八节二十四气，气损益九寸九分六分之一。冬至夏至为损益之始。”格外强调了冬至和夏至的重要性。

不过，根据考古发现，中国人圭表测影的历史更为久远。2002 年，在陶寺遗址中期城址的王墓 IM22 中出土一根漆杆，残长 171.8 厘米，漆杆上分布着长度不均等的黑色、石绿色和粉红色色带，大体按照“粉红色—黑色——粉红色—石绿

① 元代杰出天文学家郭守敬也在阳城（即河南登封告成镇）设计并建造了一座测景台，即河南登封观星台。整个观星台就是一个测量日影的圭表。石圭圭面至台面上侧的横梁的距离是 40 尺，相当于传统立表测影所用 8 尺之表的 5 倍，使用高表的目的在于提高测量的精确度。郭守敬还做了其他方面的改进，比如发明了景符。这些改进，进一步提高了我国天文观测的水平，郭守敬等人编制的《授时历》是当时世界上最先进的历法。

色—粉红色……”的顺序排列，据学者研究，漆杆很有可能是具有圭尺功能的王者礼器，这意味着在4300年前的陶寺文化时期，使用圭表测影可能已经是集天文观象授时功能与君权礼制于一身的活动。通过圭表测影，人们能够精确地测算出哪一天日中时刻表影最长，哪一天日中时刻表影最短，又哪一天日中时刻表影居中，由此就可以测算出冬至日、夏至日和春分日、秋分日了。这四个时点是构建回归年的四个时间标记点，对于二十四节气的完整出现具有基础性意义。

四、二十四节气产生于中国的原因

时间是人类生存的维度。作为社会性的动物，人需要统一的节奏安排生产生活，需要记录历史，就必须测量时间，就必须掌握测量时间、记录时间的方法。不同的社会有不同的时间单位和不同的记时方式。比如古埃及人早在公元前3000年前就在观察尼罗河涨落与天象关系的基础上制定了世界上最早的太阳历。他们把每年尼罗河开始泛滥、天狼星出现之时，定为岁首（公历6月中旬的某天），每年分成12个月，每月30天，每年岁末加上5天，全年共计365天，岁末的5天为节日；又根据尼罗河涨落和庄稼生长的情况，将一年分为3季，每季4个月。第一季“阿赫特”意为泛滥，是尼罗河泛滥的季节。第二季“佩雷特”意思是“出”，即河水退去，土地露出地面，幼芽出土，是播种和农作物生长的季节。第三季“夏矛”，意思是“无水”，在这个季节里，古埃及人收割、储存庄稼，收拾田地，等待下一季节的来临。古罗马也有自己的历法，最早的历法根据月相周期制定，一年 10 个月，全年共 304 天。不过，它们都没有二十四节气。二十四节气是中国人的发明创造，有人将它称为中国的第五大发明。但这种说法其实低估了二十四节气对于中国人的重要意义。

世界如此之大，为什么只有我国形成了二十四节气的时间制度？这是个十分有趣但又十分难以回答的问题。

首先，和自然环境有关。二十四节气显示了时间流转与季节、气候、物候变化的关系，只有春夏秋冬四季分明的地区，才会有明显的气候和物候变化，而地球上，只有中纬度地区才会四季分明。也就是说，二十四节气只可能起源于地球上的中纬度地带。我国地域广阔，黄河中下游地区正处于中纬度地带。而这里正是二十四节气的起源之地。

其次，与农业文明发达有关。我国是世界农业主要发祥地之一。考古资料显示，我国农业产生于旧石器时代晚期与新石器时代早期的交替阶段，距今有 1 万多年的历史。古人是在狩猎和采集活动中逐渐学会种植作物和驯养动物的。最早被种植的作物有粟、稻、菽及果菜类作物，被驯化饲养的有猪、鸡、马、牛、羊、犬等“六畜”，此外，古人还发明了养蚕缫丝技术。在农业生产方面，中国在世界上长期处于领先地位，而且几千年来一直以农立国，农桑并举，耕织结合，创造了灿烂辉煌的农耕文明，为中华民族的繁衍生息、中华文化的绵延不绝奠定了坚实的基础。

农作物有自己的生长规律，农业生产必须与其生长规律相一致，春种，夏耘，秋收，冬藏，才有可能获得好收成。一方面，中国人很早就强调“不误农时”，加上中国的农业生产很早就采取精耕细作模式，对于准确把握时间提出了更高的要求，这成为二十四节气得以在我国出现的重要原因。另一方面，农业文明的发达也为二十四节气的出现提供了条件，二十四节气中的小满、芒种，就是掌握了农作物生长规律之后的产物。二十四节气的出现与农业生产关系密切，也因此对农业生产具有十分重要的实际指导意义。“种田无好例，全靠看节气”，正是对节气之于农业生产重要性的高度概括。

有利的自然环境与发达的农业文明固然为二十四节气的发明提供了客观基础，但这样的客观基础却未必一定出现二十四节气。事实上，历史上确实存在着另外的节气系统，比如《管子·幼官》中就保存了三十节气系统。在这一系统下，每个节气为 12 天，其中，春秋两季各有 8 个节气，长 96 天；冬夏两季各有 7 个节气，长 84 天。如果陶寺遗址观象台解释正确的话，也并非二十四节气系统。不同节气系统的并存，说明客观基础之上，人为的划分起了关键作用，体现了中国人的独特创造。

不过，正如我们后来看到的，二十四节气最终全面取代了其他节气系统，一枝独秀。个中原因，大概应该归于 24 这个数字的优越性。

按刘晓峰教授的说法，在二十四节气出现之前，依靠月象观察确定时间并划分一年为四季十二月和划分一年为三百六十五日的传统时间框架早已经根深蒂固，划分节气很难无视这一巨大的现存传统时间框架。在这一时间框架面前，三十节气显得左右为难。既不能被四平均，从而让一年四季每个季节的长度相等，也不能被十二平均，从而无法处理与十二月的关系。相比之下，二十四节气可谓左右逢源，在这一系统之下，每个季节有六气，每个月有两气，均等而平衡。

二十四节气自秦汉时代定型之后，两千年来就一直在国计民生中发挥十分重要的作用。不仅是农业生产的指南针，还是日常生活的风向标、国家行政的时间准绳，而其中蕴含的尊重自然、效法自然、爱护自然、利用自然、扶助自然的顺天应时思想，更是中华文化的精髓，在全球生态环境日益恶化、可持续发展遭遇危机的当下，尤突显其具有普遍意义的共享价值。

顺天应时：二十四节气的文化精神

一、顺天应时的含义

《周易·彖传》云：“天下随时，随时之义大矣哉。”二十四节气传承久远，播布广泛，文化形式多样，文化内涵丰富，如果用一个词概括它的文化精神，那就是顺天应时。这里的天，首先是指自然之天，包括自然界的万事万物，它是实实在在、有规律可循的物质自然。同时，这个天也有人格神的意味，能够对人世的善恶做出相应的处置。这里的时，首先是指自然之时，同时也含有际遇、时遇的意思。所谓顺天应时，就是人要尊重生命节奏，遵循自然规律，根据自然界的变化、时间的变化来调整自己的行为，循时而动，以合时宜，并充分利用自然之物，实现自身之圆满。如《黄帝内经》所说："夫四时阴阳者，万物之根本也……故阴阳四时者，万物之终始也，死生之本也，逆之则灾害生，从之则苛疾不起，是谓得道。"谚语"种地不看天，瞎了莫埋怨""种地不及时，囤里缺粮食""春光一刻值千金，廿四个节气勿等人"等所反映的，都是对于顺天应时的深刻认知。

二、顺天应时形成的实践基础和思想基础

顺天应时是二十四节气的文化精神，也是中国传统社会基本的行事准则。这一行事准则的形成有其深厚的实践基础和思想基础。

首先，这是人类认识自然规律的结果。四季的循环往复、周期流转原本是一种自然现象，在长期的生产生活实践中，人们发现了时间运行的周期性和变化的有序性，发现了时间推迁与寒来暑往、风霜雨雪以及动植物蛰伏振起、生死荣枯之间的关系，并深刻地意识到人们只有根据时间的有序变化采取相应的行动，如愿以偿、获得好结果的可能性才会比较大。

其次，与中国人的天人合一思想密切相关。"天人合一"，语出张载《正蒙·乾称》。但作为一种表达天人之间关系的

特殊思想，早在先秦时期已经相当成熟。钱穆先生曾说天人合一论是中国文化对人类最大的贡献。关于什么是天人合一，不同学者有不完全相同的看法，但大致认为，天人合一应该包括天人一体、天人相类、天人感应等内容。

天人一体，即人与天地都是宇宙的一部分，诚如庄子所说："天地与我并生，而万物与我为一。"董仲舒也说："天地人，万物之本也。天生之，地养之，人成之……三者相为手足，合以成体，不可一无也。"不过，在肯定天人一体的同时，中国古人又往往强调天的先在性和权威性，强调人是天地的产物。如孔子说："天何言哉？四时行焉，百物生焉，天何言哉？"《周易·序卦》说："有天地，然后万物生焉。""有天地然后有万物，有万物然后有男女，有男女然后有夫妇，有夫妇然后有父子，有父子然后有君臣，有君臣然后有上下，有上下然后礼仪有所措。"在这里，人来源于大自然，不能游离于自然之外，必须受制于自然。

天人相类，即天和人相类似。董仲舒《春秋繁露》云："人有三百六十节，偶天之数也。形体骨肉，偶地之厚也。上有耳目聪明，日月之象也。体有空窍理脉，川谷之象也。心有哀乐喜怒，神气之类也。……人之身，首坌而员，象天容也。发，象星辰也。耳目戾戾，象日月也。……小节三百六十六，副日数也。大节十二分，副月数也。内在五藏，副五行数也。外有四肢，副四时数也，乍视乍瞑，副昼夜也。乍刚乍柔，副冬夏也。乍乐乍哀，副阴阳也。"这都是将人与天相比附，发现天人类似之处，并以此证明天人合一。

天人感应，强调人与自然的相互感通。一般认为天人感应之说源自《尚书·洪范》中关于君主施政态度能影响天气变化的文字，后来，孔子说："邦大旱，毋乃失诸刑与德乎？"又劝国君"正刑与德，以事上天"，都将人事与灾异相关联，渗透了天人感应的思想。到董仲舒时，更将天人感应推向新的理论高度，他说："凡灾异之本，尽生于国家之失。"又说："天有阴阳，人亦有阴阳，天地之阴气起，而人之阴气应之而起；人之阴气起，而天之阴气亦宜应之而起。其道一也。"在这里，人事与自然可以互相作用，互相影响。

总体上看，中国的天人合一思想一方面强调天地自然有其运行规律，另一方面又强调人的主观能动性，从而将人与自然定位在一种积极的和谐共生的关系上。人既顺应自然，尊重自然，又合理利用自然，"财成天地之道，辅相天地之宜，以左右民"，使大自然造福于人类。

再次，这与中国人的关联宇宙观密切相关。传统社会中国人的宇宙观是以阴阳五行为核心的关联宇宙观，正如学者陈来所说，这种宇宙观主张"宇宙的一切都是相互依存、相互联系的，每一事物都是在与他者的关系中显现自己的存在与价值"，而阴阳的对立分别与交互作用，是宇宙存在变化的普遍法则。董仲舒说："天地之气，合而为一；分为阴阳，判为四时，列为五行。"时间的变化也是阴阳互相作用的结果，先秦文献《管子》就已提出："春秋冬夏，阴阳之推移也。时之短长，阴阳之利用也。日夜之易，阴阳之化也。”宇宙的理想状态是阴阳调和。人生在天地之间，要循时而动，顺应阴阳变化，并促成阴阳调和。

在遵循自然规律的基础之上，基于天人合一的思想和有机整体的宇宙观，中国古代思想家将人与自然界的关系进一步理论化，将天象、物候、人事统一组织到一个井然严密的时间秩序之中。于是，物理时间被文化化了，它被划分为前后相续、依次出现的不同段落，天空中日月星辰的运转、位置的变化与大地上的草木荣枯、风雪雨霜、鸟飞南北、虫振虫伏则成为时间段落推迁往复的具象表征；每个时间段落都被赋予了特殊的属性，各有其帝，各有其神，各有其虫，各有其音，各有其数，各有其味，各有其臭，各有其祀。这些各有属性的时间段落是国家政令和以天子为代表的社会成员活动的根本依据。《礼记·月令》[①]对此有十分明晰的揭示。以孟春之月为例，其记述大致包括八个方面的内容：其一，时间的特性，包括与太阳、星宿的关系，当月的吉日，尊崇的帝，敬奉的神，相配的虫、音律、数、味、臭以及要祭祀的神灵和祭品等。其二，当月的气候与物候。其三，当月天子日常生活的方方面面，包括居处的地方、乘坐的交通工具、

---

① 《礼记·月令》是儒家经典《礼记》中的一篇，分为“孟春之月”“仲春之月”“季春之月”“孟夏之月”“仲夏之月”“季夏之月”“年中祭祀”“孟秋之月”“仲秋之月”“季秋之月”“孟冬之月”“仲冬之月”“季冬之月”共13个部分，依次记载了各月的天文、物候、乐律、祭祀、居处、服饰、饮食、行政、禁忌与灾异等内容，是一部非常重要的历史文献。

使用的旗帜以及服装、佩玉、食物和器皿等。其四，当月的节气日及围绕节气日展开的礼仪活动。其五，当月其他重要的礼仪活动。其六，当月应行之政。其七，当月禁行之政。其八，不按时令行事的恶果。从中可以看出，顺天应时的行事准则始终贯穿其中。一方面，人的一切活动都要以时间的特性为根本遵循，并与时间的特性保持高度的一致，比如天子居于青阳左个，所用之物的色彩为青等，与孟春之月位在东方，其色为青相一致；又如此时不准用母畜作祭品，禁止砍伐树木，不许捣毁鸟巢，不许杀害幼虫、已怀胎的母畜、刚出生的小兽、正学飞的小鸟，不许捕捉小兽和掏取鸟卵，不可以举兵，等等，这又与孟春之月是“天地和同，草木萌动”、万物生长之时的特性相一致。另一方面，人符合时宜的活动也能对时间的顺利转化起到积极的作用，从而有利于万物生长、天人和谐。正如《白虎通义》在解释为什么冬至日要“休兵不举事，闭关商旅不行”所说的：“此日阳气微弱，王者承天理物，故率天下静，不复行役，扶助微气，成万物也。”

对于中国人而言，时间不仅是人事活动的维度，更是人事活动成败的决定性力量，而那些标志时间转化的具有节点意义的时间，尤其具有重要价值。二十四节气是对时间的具体切分，二十四节气的更替和周期性复现，就是时间的推迁和流转，其中标志节气变化的节气日则是时间推迁和流转的标志性时间，是重要的阴阳转化节点。顺天应时作为二十四节气的文化精神，在实践层面主要表现在两个方面：

其一，无论是国家行政、农业生产还是日常生活，都根据节气的特性行当行之事，不行不当行之事，节气由此成为国家行政的时间准绳、农业生产的指南针和日常生活的方向标。所以，“惊蛰春雷响，农夫闲转忙”，“清明高粱接种谷，谷雨棉花再种薯”，农业生产必不误农时，根据农作物的生命节律而适时播种管理收割。人也循时调整生活起居，行宜避忌，如“立秋洗肚子，不长痱子拉肚子”“白露身不露，秋后少游水”等谚语所指出的那样。中国人格外注重养生，而根本的养生之道或养生之道的精髓就是顺应自然界的气候变化，与天地阴阳保持协调平衡，使人体内外环境和谐统一。

其二，格外重视节气日的时间节点意义和人事活动，官方往往在节气日颁布政令，举行多种礼仪活动，如冬至日祭天、夏至日祀地、春分日朝日、秋分日夕月、霜降日祭旗、四立（指立春、立夏、立秋、立冬）日迎气等，民间也将许多常日没有的活动集中于节气日举行。由此，节气日往往发展成为具有全国性或地方性的重要节日。

三、因地制宜是顺天应时的必然要求和具体体现

中国地域广阔，地形多样，不同地区有不同的自然地理环境。比如清明时节，黄河中下游平均气温一般在10℃以上，广东平均气温则在20℃左右。气候、水文、地形、地貌、物产的不同，使得人们必须结合地域特征决定生产生活的节奏与内容。“顺天应时”里的“天”和“时”，首先是客观的、同时又是具体的自然界，生活在特定地方的人们所顺之天、所应之时，都必然首先是指这一个地方的天和时，因此，因地制宜是顺天应时的必然要求，只有“因地制宜”地“顺天应时”才是真正的“顺天应时”。因地制宜也是顺天应时的具体体现，只有充分考虑自然地理条件的地方性，二十四节气才能真正发挥指导农业生产、安排日常生活的作用。事实上，不同地方的中国人正是在二十四节气这一时间制度的框架下，因地制宜，生产出符合本地特点、具有本地特色、发挥本地优势的节气文化。

我国各地都有节气谚语，但不同地方的节气谚语总是包含着不同的内容，呈现出鲜明的地方性。如华东、华中、华南、四川及云贵高原都有谚语说“清明断雪，谷雨断霜”，河北、山西、陕西一带则说“清明断雪不断雪，谷雨断霜不断霜”，揭示了不同地方不同的气候状况。黑龙江有谚语“冬至晴，新年雨，中秋有雨冬至晴”，山东却是“冬至晴，新年雨；冬至雨，新年晴”。两句谚语，反映了不同地方的人们在预测天气方面的地方性。至于“春分早，谷雨迟，清明种棉正当时”和“清明种棉早，小满种棉迟，谷雨立夏正当时”，所反映的则是不同地方种植棉花的适宜时机。

再比如同一节气日，在不同的地方的重要性不同，不同地方也往往形成不同的习俗。以谷雨日为例，这个节气日在很多地方并不重要，也没有多少习俗活动，但在山东荣成地区就不同，当地有“谷雨时节，百鱼上岸”之说。谷雨一到，休整了一冬天的渔民开始整网出海。为了祈求平安和丰收，他们就在谷雨日举行隆重而盛大的仪式，虔诚地向海神献祭，由此谷雨日成为当地十分重要的节日。

立夏日标志春天结束，炎夏即将到来，此时不少农作物和水果接近成熟，立夏日饮食多包含有告别春天、增加气力、免除疰夏、尝新等意义。但具体到各地，食俗及其意义并不相同。如在苏州一带，有饮七家茶的做法，认为饮了可以免疰夏："俗以入夏眠食不服曰疰。是日取去岁撑门炭烹茶以饮，茶叶则索诸左右邻，谓之'七家茶'。"太仓一带，设麦蚕（采新麦炒熟，砻为细条如蚕形）、新蚕豆、樱桃、梅子、窨糕、海蛳，饮烧酒，称为"饯春"。在常州，立夏尝三鲜，其中，地上三鲜为苋菜、蚕虫和元麦穗（或蒜苗、竹笋），水中三鲜为海蛳、刀鱼、白虾，树上三鲜为樱桃、梅子、香椿头（或杨梅、枇杷）。常熟尝新要九荤十三素，所谓九荤，即鲥鱼、鲚鱼、海蛳、咸蛋、熏鸡、腌鲜、卤、核桃肉和鲳鳊鱼等；所谓十三素，即樱桃、梅子、松花、竹笋、蚕豆、茅针、麦蛋、莴笋、草头、萝卜、玫瑰、豌豆、黄瓜等。

再比如，我国台湾不少地方的庙宇将二十四节气神像画在门上，成为二十四节气门神，颇有地方特色。其中位于云林县北港镇朝天宫的二十四节气门神，1988 年由彩绘大师陈寿彝所绘，尤为著名。陈寿彝为朝天宫绘制的十二扇门神作品，分别在朝天宫左右两路的灵虚殿与聚奎阁。左路灵虚殿，正中两扇门绘制两个门神武将，左右四扇门分别绘制天干、地支门神。右路聚奎阁，正中两扇门也是绘制两个门神武将，左右四扇门则分别绘制了二十四节气门神。每扇门上六个节气神，共同组成一个季节。二十四节气门神除了春分为女神形象外，其余均为男神形象，栩栩如生。位于宜兰县大元山山麓上的香格里拉休闲农场，被誉为“台湾休闲农场鼻祖”，十分注重二十四节气，尤其是惊蛰日、芒种日、白露日和冬至日，将其视为最重要的四个时间转换节点，农场工作人员将这几个节气日与农场的生产、生活相结合，写作了散文，并书写装裱，每到这四个节气日来临，就更换上该节气的散文，同样是富有地方特色的节气文化。

人与自然的关系问题是人类社会的基本哲学命题，在如何处理好二者的关系方面，中国人给出了“顺天应时”的解答。人们在二十四节气交接更替的过程中贯彻顺天应时的观念，形成丰富生动的社会实践，为全人类提供了宝贵的中国智慧和中国经验。

从天时到人时：节气日与节日

一、节气日是天时，节日是人时

目前对于节气的认知，存在着一些误区，其中一个是将节气等同于节气日。事实上，节气与节气日是两个概念。节气日特指交节的日子，即由一个节气向另一个节气转换的时间点所在的日子，是标志着一个新的节气开始的日子。特定的节气日是特定节气的组成部分。二十四节气作为一种时间制度是中国人的原创文化。虽然它们的确定和划分乃至命名都是人为的，但它依据的是星球运转的规律，是自然节律的反映，不会因为人事更迭而发生变化，本质上讲属于“天时”的范畴。节气日作为节气的组成部分，本质上也是天时。

但节日不同。节日是以历日、月份和季节等组成的历年为循环基础的、在社会生活中约定俗成的、具有特定习俗活动、特殊意义的特殊时日。节日是五种特殊性——节日名称的特殊性、在历法中位置的特殊性、生活内容的特殊性、活动空间的特殊性以及文化内涵的特殊性——的五位一体。节日名称、节日时间、节日活动、节日活动空间以及节日文化内涵共同构成一整套节日的习俗规范，人们通过对这一套习俗规范的实践形成自己的节日生活，产生特殊的体验和情感。不同的群体有不同的节日，节日本质上是社会人文时间，属于人时的范畴。

二、节气日发展成为节日

我国传统节日数量众多，从在历法中的位置来看，主要包括三种：其一是月日相重的节日，比如正月初一的春节、二月初二的龙抬头节、三月初三的上巳节、五月初五的端午节、六月初六的天贶节、七月初七的七夕节、九月初九的重阳节等。

其二是位于月朔月望月晦日的节日，如正月十五的元宵节、七月十五的中元节、八月十五的中秋节、十月初一的送寒衣节、十二月晦的除夕等。其三就是二十四节气中的一些节气日，如立春节气日的立春节、清明节气日的清明节、立夏节气日的立夏节、冬至节气日的冬至节等。

节气日之所以能够发展成为节日，实现从天时向人时的转变，首先是因为它们在历法时间中的特殊性。人类总是对具有特殊性的事物给予更多关注，节气日作为前后两个节气交接更替的时间节点，正是被给予更多关注的特殊时间。在顺天应时观念的作用之下，人们将一些特殊的活动、重要的活动或者具有象征意义的活动集中安排在这样的时间里来举办，从而进一步增强了这一时间节点的特殊性，最终使其发展成为社会人文时间，成为具有特定名称、特定活动、特殊内涵的特殊时日。

以立春日为例，立春位居二十四节气之首，立春日是24个节气日中的第一个节气日，不仅标志着大寒与立春的交接更替，而且标志着春天的来临，标志着二十四节气周期的重新开始，是一个极具特殊性的日子，也因此成为人们集中安排各种活动的重要时间。早在汉代，官方就开始在立春日举行东郊迎春活动，并代代传衍，日益丰富，融迎春、进春、鞭春于一体，成为官民共建共享、颇具娱乐性的大型礼俗活动。人们在立春日安排专门的饮食，吃萝卜、生菜、春盘，饮春酒，以助阳气，以迎新岁，以贺新春。著名诗人杜甫《立春》

诗云“春日春盘细生菜，忽忆两京梅发时。盘出高门行白玉，菜传纤手送青丝”，就提到立春的特殊食物。立春日还有专门的装饰，如春花、春幡、春燕、春蝶、春鸡、春娃等，并有贺节、宴请和节日馈赠等活动。此外，还有占春、烧春等习俗，以及“一年打两春，黄土变成金”“春见春，四蹄贵如金”等民间俗信。所有这些活动集中在一起，就将立春日塑造成为一个民俗大节，以至至今仍有“春朝大如年朝”的说法。

再如冬至日。冬至是最早测定的二十四节气之一，冬至日的特殊性，不仅在于它是大雪节气与冬至节气交替的标志性时间，具有“日南至，日短之至，日影长之至”三个特点，还在于它是“阴极之至，阳气始生”的阴阳转换的关键点。而在中国人的阴阳观念中，后面这一点尤其具有重要意义。阴阳是中国古人对推动宇宙发展变化的基础因素的描述，它们是既对立又统一的存在，阴阳的消长是各种事物孕育、发展、成熟、衰退、消亡的根本动力。阴阳协调则万物和谐，人事要顺阴阳之变，促阴阳协调。但在阴阳和谐的理念之下，中国人又有以阳为贵的价值偏好。有鉴于此，冬至日成为24个节气日中最重要的一个，成为多种特殊活动集中发生的特殊时间。国家祭祀中最重要的郊天礼仪以及对祖先的祭祀活动都选择在冬至日进行，《周礼·春官》载：“以冬日至，致天神人鬼。”[1]冬至日有专门的节令饮食，如馄饨、饺子、冬至团、冬至酒；人们要礼敬君长，献鞋履，互相贺冬；自冬至日起，人们开始数九，唱九九歌，画九九消寒图。由此，冬至日也发展成为一个民俗大节，有“冬节”“长至”“亚岁”之名。

又如立秋日。立秋是秋季的第一个节气，立秋日既标志着节气由大暑向立秋的转换，又标志着季节由夏向秋的推移，其特殊性也是显而易见的。在这个特殊的日子里，有迎秋、祭田祖、祀五谷等礼仪活动，也有名目繁多的饮食。由于难耐的酷暑即将过去，凉爽宜人的季节就要来临，加上不少农作物和水果已经成熟，所以立秋日人们吃肉喝酒，品尝美味，享用瓜果，“贴秋膘”，“吃秋饱”，饯夏迎秋，又有戴楸叶、饮秋水、服秋药、占岁、送暑等习俗。

可以说，24个节气日都是具有特殊性的节点时间，因此都具有向节日发展的潜力和可能性，事实上，在长期的历史发展中，大多数节气日都实现了从天时向人时的转化，成为全国性或地方性民俗节日。不过，也应看到不同节气日的差异性。有的节气日人文色彩就十分淡薄，很难视为节日，如小暑、寒露等。大致可以认为，节气日特殊性的强弱与它能否发展成为节日是一种正比例关系，特殊性越强，发展成为节日的可能性越大，节日的影响力越大，节俗活动也更为丰富。

---

① 《十三经·周礼》，郑州：中州古籍出版社，1992年版，第74页。

三、节气日与节日的另类关系

节气日与节日的关系并不止于节气日发展成为节日这一种，二者的“另类关系”至少还有两种，其一是有些节日会汲取节气日的习俗活动来充实丰富自己，如春节之于立春日、二月二之于惊蛰日、端午之于夏至日。

以二月二与惊蛰日为例。二月二，又称龙抬头、青龙节、春龙节等，最早出现于唐代。唐宋时期是一个以踏青、挑菜、迎富为主要习俗活动的节日，经过元明时期的发展，习俗更加丰富，包括引龙、填仓、驱虫、迎女、祭社等。这些节俗活动的出现和举行，大大改变了二月二原有的节日性质，使其从一个内容相对单调、娱乐色彩浓厚的节日转化成为一个内涵丰富，以崇龙祀土、驱避害虫、祈求风调雨顺农业丰收、生活康宁富有为核心内容的复合型节日。二月二节日性质的改变，一个重要的原因即在于对惊蛰日传统行事的吸取与发展。

惊蛰为二月的节气，“惊蛰地气通”“惊蛰到，百虫苏”，自此土地解冻，各种虫子开始蠢蠢欲动。这些虫子当中，有许多有害于人类而成为人类想方设法消灭的对象。我国早在先秦时期已有用灰、烟熏除虫的做法，《周礼·秋官·司寇》还记载了专门负责除虫的人：“赤发氏掌除墙屋，以蜃炭攻之，以灰洒毒之，凡隙屋除其貍虫。蝈氏掌去蛙黾。焚牡菊，以灰洒之，则死。以其烟被之，则凡水虫无声。”[①] 而惊蛰日更是驱除害虫的好时机，唐代孙思邈《千金月令》提到惊蛰日撒灰驱虫的做法：“惊蛰日，取石灰糁门限外，可绝虫蚁。”近代，多种地方文献中还提到惊蛰日晚上点燃过年时敬天地留存的红烛，并各处燃照的做法，所谓“惊蛰照蚊虫，一照影无踪”。又有“爆惊蛰”的做法，即在屋里燃放爆竹，并念祝辞：“惊蛰惊蛰，爆得虫脚笔直。”从时间上看，夏历二月二和惊蛰日相距甚近，有时还会重合，因此二月二就吸收了惊蛰日驱虫的习俗，民国十九年（1930）辽宁《盖平县志》载当地二月二日：“侵晨，家家用灶灰在庭院中多作大圆圈形，名‘撒灰囤’。盖以二月惊蛰，蛇蝎、虫蚁蠕蠕渐动，用灰圈包围镇压之，不欲其肆行妨害于人也。”[②] 清晰地揭示了二月二驱虫与惊蛰日的关系。

节气日与节日的又一“另类”关系是有些节气日会汲取节日的习俗活动为己所用，这方面的典型案例是清明日。

清明日是第五个节气日，也是当代重要的民俗节日。清明作为民俗节日产生于唐代，作为节气则早在先秦时期即已出现，《管子·幼官图》“十二清明，发禁”里已明确提到清明。汉代《淮南子·天文训》载，春分“加十五日，斗指乙，则清明风至，音比仲吕”。“万物生长此时，皆清洁而明净”，

① 《十三经·周礼》，郑州：中州古籍出版社，1992年版，第108页。

② 丁世良、赵放主编：《中国地方志民俗资料汇编·东北卷》，北京图书馆出版社，1989年，第143页。

故称作清明。清明从节气日发展为节日，是将寒食节的习俗活动收归名下的结果。

寒食节，曾是我国传统社会一个十分重要的节日。因人们在节日期间禁止用火、吃冷食而得名。关于寒食节的起源，说法不一。但学者们多同意寒食节出现于汉代，在唐代达致鼎盛。

魏晋以前，寒食节时在隆冬季节，习俗活动单一，节日格调悲凉黯淡。由于不能用火，不能热食，导致出现“老小不堪，岁多死者”的现象，多次引起官方干预。东汉并州刺史周举、曹操，后赵的石勒，北魏孝文帝，都曾下令禁断过寒食习俗。南北朝时期，寒食节发生了重大变化，据宗懔《荆楚岁时记》记载：“去冬节一百五日，即有疾风甚雨，谓之寒食。禁火三日，造饧、大麦粥。寒食，挑菜。斗鸡，镂鸡子，斗鸡子。”[①]一方面，寒食节的节期挪到春天，具体是冬至后一百零五日，另一方面，习俗活动变得丰富，节日格调也日益明丽欢快。到了唐代，时人更在寒食节从事一系列特征鲜明、格调突出的节俗活动，从而将寒食节过成最引人注目的节日。诚如王冷然《寒食篇》所云：“天运四时成一年，八节相迎尽可怜。秋贵重阳冬贵腊，不如寒食在春前。”这深刻地影响到二十四节气之一的清明。

因为从时间上讲，根据当时的历法，寒食节从冬至日后

① （梁）宗懔著、宋金龙校注：《荆楚岁时记》，山西人民出版社 1987 年版，第 33–37 页。

的第一百零五天算起，恰在清明节气日前一到两天，由于寒食节一般长达三天以上，清明节气日实际上处于寒食节期间，所以寒食节的相关活动也会在清明日举行。唐代寒食节的习俗十分丰富，包括扫墓、改火、踏青、斗鸡、走马、蹴鞠、荡秋千、镂鸡子等等，所有这些活动都被清明日汲取吸纳，由此清明改变了自身性质，兼具有节气与节日的双重身份。清明节不仅吸取了寒食节的习俗，也继承了寒食节的性质，今天我们仍能从清明节将扫墓与踏青融一体、欢乐与伤情共存在、死亡与再生相交织的节日特性中看到当年寒食节的影子。

格外值得一提的是，清明节自形成之后日益变得重要，竟然逐渐取代寒食节，从而上演了节日发展史上一幕耐人寻味的喧宾夺主、青出蓝而胜于蓝的好戏。

节气日与节日的复杂关系显示了天时与人时的密切关系。一方面，中国人保持着人时与天时的诸多统一，体现出人时以天时为基、向天时靠拢的特点，反映了日常生产生活遵循自然规律的一面。另一方面，也存在人时取代天时的现象，折射出人时对天时的超越，更多反映了人的主观能动性。而这种天时与人时的关系所反映的正是中国人在处理人与自然关系的基本态度。

闰月：调和阴阳的智慧

二十四节气是中国人的时间制度，但中国人的时间制度却不只有二十四节气。中国人的时间制度极其复杂，这里我们从历法说起。

所谓历法，是人们为了社会生产时间的需要而创立的长时间的记时系统。是推算年、月、日的时间长度和它们之间的关系并制定时间序列的方法。历法能使人们确定每一日在无限时间中的确切位置，据以安排生产生活，记录历史。历法对于人类社会必不可少，而不同的族群也在长期的发展历程中，创制了多种多样的历法。虽然创制历法的依据多有不同，但是将年、月、日和太阳、月亮以及其他星辰等天体的运行周期相联系，是一种普遍现象，大致可以归为三大系统，即阳历、阴历与阴阳合历。

阳历是以地球绕太阳公转一周的时间（即回归年）为基础而制定的历法，又称太阳历，一年 12 个月。现在世界上通行的公历就是一种阳历。根据这种历法，年有平年、闰年之分，平年 365 天，闰年 366 天，每四年一闰，每满百年少闰一次。年中共有 12 个月，其中 1、3、5、7、8、10、12 月为大月，每月 31 天；4、6、9、11 月为小月，每月 30 天，2 月平年为 28 天、闰年为 29 天。

阴历，也叫太阴历，是以月亮圆缺一周（即朔望月，历时 29 日 12 小时 44 分 2.8 秒）为基础制定的历法。伊斯兰教历就是阴历。根据这种历法，年也有平年、闰年之分，平年

354天，闰年355天，30年中有11个闰年。一年共有12个月，其中单数月份即1、3、5、7、9、11月为大建，即大月，每月30天；双数月份即2、4、6、8、10月为小建，即小月，每月29天；12月平年为29天，闰年为30天。

阴阳合历则是一种调和太阳、地球、月亮运转周期的历法。我国传统历法夏历就是一种阴阳合历。它以太阳周日视运动形成的昼夜为日，把日月合朔（太阳和月亮的黄经相等）的日期作为月首，月长由月相盈亏圆缺的周期即朔望月决定，平均年长为回归年，既保证月亮圆时处在每个月份的中间，又保证根据月份能够看出四季寒暖变化的情况。根据这一历法，年也有平年、闰年之分，平年12个月，354天或355天；闰年13个月，383天或384天。月有大月小月之别，大月30天，小月29天。

阴阳合历之所以能够做到调和阴阳，关键就在于闰月的设置。“圣代承尧历，恒将闰正时。”设置闰月的目的就在于“正时”。“正时”，一是确定岁首，即年度周期的起始点；一是调整历年长度，使其尽量与回归年接近。设置闰月，关乎生民之道，意义十分重大，正如《左传》所说：“闰以正时，时以作事，事以厚生，生民之道于是乎在矣。”唐人张季友也认为闰月之设，功莫大焉：“天时由之而式叙，国令于焉而合轨。春生夏长，不失其常；东作西成，孰知所以。雪应冬而絮落，云识夏而峰起。秋之夕湛露为霜，春之朝坚冰为水。”因此，置闰在古代颇受重视。

在我国，设闰月定四时的做法早在《尚书·尧典》中即已得到记载，书中提到帝尧任用羲氏和氏家族中的贤能之士，观测日月星辰的运行，掌握其规律，并授民以时。“帝曰：咨，汝羲暨和。期三百有六旬有六日，以闰月定四时成岁。允釐百工，庶绩咸熙。”这一段话的大意是，帝尧说：你们羲氏和氏子弟，观测天象，得知一个周期有366日，又用置闰月的办法调配月与岁，使春夏秋冬四时不差，这就可以治理百官，取得各方面的成功。大概正是因为《尚书》的这段记载，后世的人们一般都将闰月的设置归功于帝尧与羲和。如唐代杜周士《闰月定四时》诗云：“体元承夏道，推历法尧咨”，徐至《闰月定四时》诗云“积数归成闰，羲和职旧司”。根据学者研究，春秋战国时期已经出现十九年七闰的做法，即每十九年中设置七个闰月。

先秦时期的闰月，一般放在年终，故有“十三月”之称。汉代初年，以十月为岁首，九月为年终，闰月放在九月之后，称为“后九月”。如《汉书·高帝纪》载：“（秦二年）后九月，怀王并吕臣、项羽军自将之。以沛公为砀郡长，封武安侯，将砀郡兵。以羽为鲁公，封长安侯。吕臣为司徒，其父吕青为令尹。”这里的后九月就是闰月。汉武帝时，由邓平、落下闳等人制定的《太初历》，明确规定没有中气[①]的月份为闰月，并

① 在传统阴阳合历的历法中，通常一个月里总会既有一个节气，又有一个中气，比如丁酉年（公元2017年）六月就有一个节气小暑，一个中气大暑。但是个别的月份只有节气而无中气，这样的月份就成为闰月，像丁酉年（公元2017年）六月之后的这个月，就只有一个节气立秋，所以就成了“闰六月”。

根据上月为某月称为“闰某月”。这一设闰的做法延续至今。

民间一般流传着“十九年七闰”或“五年二闰”的说法，虽然只是近似的说法，但都反映了闰月到来的周期性规律。其实闰月在年中的分布也有一定的规律性，比如上半年的闰月明显多于下半年，闰正月、闰九月、闰十月、闰冬月和闰腊月都十分罕见。据推算，从公元1645到公元3358的1700多年中，闰正月和闰冬月各有6个，闰九月和闰十月各有9个，闰腊月只有1个，时在公元3358年。

与一般月份相比，闰月是特殊时间，因此也出现了一些特殊的问题。“闰”这个字本身就反映了它的特殊性。闰，从字形来看，王在门里，《说文》解释为：“余分之月，五岁再闰也。告朔之礼[①]，天子居宗庙，闰月居门中。”意思是闰月是多余的月份，五个年份里会有两个闰月。天子举行告朔礼的时候要居住在宗庙里，但如果是闰月就居住在门厅中，

---

① 告朔礼在先秦时期是一种很重要的礼仪，是指诸侯从天子处接受来年的朔政，并收藏于祖庙之中，而后每月朔日（初一）就亲到祖庙中，将天子所颁朔政告于祖宗神灵，杀一只羊作为祭品。有一个成语“告朔饩羊”就与这一礼仪有关。告朔饩羊原本指鲁国自文公起不再亲自到祖庙告祭，只是杀一只羊应付一下。后来比喻照例应付，敷衍了事。《论语·八佾》里有段记载，也与告朔饩羊有关：“子贡欲去告朔之饩羊。子曰：‘赐也！尔爱其羊，我爱其礼。’”说的是孔子的弟子子贡想去掉告朔礼上的那只羊，孔子不同意，他说：“你爱惜那只羊，我却爱惜那种礼。”对此朱熹进一步阐释，子贡大概觉得反正这个礼已经名存实亡，又何必白费一头羊呢？既浪费财产，又伤害生命。可是子贡没有想到，礼虽然废了，但羊还在，还有一个形式在，只要保存着这个形式，即使没有内容，也还可以让后人知道这个礼仪，将来想恢复的时候还可以恢复，不至于完全断绝。如果把羊去了，形式也就没有了，礼也就真的彻底消失了。这里显示了形式对于礼的重要性。一定意义上说，形式就是最深刻的内容。

由此可见最高统治者在闰月里的行事也是与其他月份不同的。古人有古人的问题，今人也有今人的问题，比如闰月出生的人如何过生日呢？一般的做法是如果年内有自己出生的闰某月，就在闰某月过，如果没有，就在某月过。比如，丁酉年（公元 2017 年）闰六月初一出生的人，8 年之后才会等到又一个闰六月，因此乙巳年（公元 2025 年）在闰六月初一过生日，其他年份在六月初一过生日即可。

在现实中，特殊的总会被给予更多关注。围绕闰月这种特殊性时间，民间也形成了一定的习俗活动，至今仍然在一定范围内流传，送闰月鞋就是其中重要的一种。

在我国不少地方，都认为有闰月的年份为多事之秋，于长者不利，在这样的年份里，出嫁的女儿要给父母送双闰月鞋，父母穿了闰月鞋，就能逢凶化吉，健康长寿。所谓："闰月鞋，闰月穿，闰月老人活一千。"一些地方讲究闰月鞋的鞋面要带有红色，具有驱邪求吉的作用。关于为什么要在闰月为父母送鞋，民间还流传着这样的民间传说：明朝时，兖州乡间有对老夫妇，生个女儿，取名李花，非常美丽，被县官娶为妻子。李花进了官府，得意忘形，连生身的父母也不放在眼里，和娘家断了来往。后来李花得病，本地医生束手无策，县官最后只好请来名医李时珍为她疗治，李时珍就开了下面的处方："速做新履，送于双亲，病减半；亲手给老人穿上，病则愈；每年三六九探望父母，此病永不再患。"并又唱了一首《三六九闺女回门歌》："三月三，回娘家植树屋后边；六月六，小幼树遇旱水灌透；九月九，莫忘了施肥如浇油。”县官得到妙方，十分高兴，一面说服夫人做新鞋，一面着手准备树苗。到了三月三，李花和丈夫带上新鞋和树苗探望双亲，见到爹娘，心酸落泪，痛哭一场，病情明显好转。到了六月六和九月九，李花又和丈夫前来为三月栽下的树苗浇水施肥，由此，李花和娘家的关系日益密切，病也好了。李花做鞋送鞋的时间正是闰三月，所以大家称其为“闰月鞋”，闰月为父母送闰月鞋的风俗也就流传开来了。

除了鞋，有些地方还会送其他的礼物，比如在台湾地区，出嫁女需要买一副猪脚和面线给娘家母亲，通常是两只前猪脚和六把面线，面线上还要绑红丝线和春花。山东平邑的“妃妃的优雅”在 2017 年 2 月 7 日发帖“闰月鞋闰月饼”中说道：“今年闰六月，所以在六月之前给娘家爸妈一人一双鞋，一人一个大饼，有哥哥或弟弟的送一对发面鱼。”江西抚州一带，出嫁女要送母亲一只银手镯，为母亲祈求平安。而在铜鼓东山乡地区，俗以为闰月年份是“天增岁月人增寿”，这时为老人准备寿衣、寿材（棺材），会起到更好的祈福延年的效果。如果父母年过六旬，有孝心的子女往往会在此时准备寿衣、寿材，为其增寿。

与大多数地方重视闰月出嫁女为娘家送礼物不同，有些地方讲究娘家为出嫁女儿送礼物，比如江西玉山一带，娘家会在闰月送女儿雨伞、蕉扇。寓意娘家是女儿的保护伞，祝福女儿早生贵子，为夫家招财，财丁两旺。福建、江西等地还有请出嫁女回娘家吃闰月饭的做法。如果父母不在了，就由兄弟请。

总体上来看，闰月讲究出嫁女子与其娘家之间关系的联结。俗话说，“嫁出去的闺女泼出去的水”，在从夫居为主流的传统社会，女子一旦出嫁，便离开自己生于兹长于兹的家乡，到另一个陌生的环境中生活，难得再与亲生父母朝夕相处，所以，如何处理好姻亲之间的关系，维系出嫁女与娘家尤其是亲生父母、兄弟姊妹之间的情感联系，一直是民间社会重视的问题。在我国，很多传统节日里都有出嫁女子回娘家走亲戚的习俗活动,就是解决上述问题的一种社会安排。送闰月鞋、吃闰月饭也是这样的社会安排，它借助闰月这一特殊时间来制造出嫁女与娘家人亲近联络的机会，从而很大程度上加强了双方的情感联系和精神支持，缓解了出嫁女子在夫家生活的不适。到了当代，出嫁女与娘家的关系发生了变化，送闰月鞋的做法，更多表达的是出嫁女对父母的关爱和孝心。值得注意的是，现在闰月鞋的故事不仅发生在出嫁女和娘家人之间，也发生在儿媳与公婆之间，这是闰月鞋习俗在当代的变迁，对于和谐家庭关系具有积极作用。翎子的散文《“闰月鞋”的美丽传说》，讲述了一双赠品闰月鞋如何让“一直不是很好”的婆媳关系立刻变好的故事。文章最后，她动情地写道：“还有什么话好说呢？剩下的，唯有相爱，一家人，相亲相爱相疼惜。”赠送闰月鞋，如同冬至进履一样，是有温度的习俗。

春秋代序，辞以情发：节气与诗词

几千年来节气是如此普遍地存在和作用于社会生活和生产，以至围绕节气出现了民谚、民谣、对联、曲赋等多种文学艺术作品。诗词作为按照韵律要求，用凝练的语言、绵密的章法、充沛的情感以及丰富的意象，高度集中表现社会生活和精神世界的文学样式，也与节气密切相关。因节气而写，为节气而写，写节气日之所见所闻、所思所感的诗词为数众多，代代有之，且不乏精品佳作。这些诗作大多为不同时代诗人创作的关涉某个节气的单一作品，但也有二十四节气组诗。比如敦煌遗书中就有署名卢相公、元相公所作的《咏廿四气诗》。《咏廿四气诗》共有二十四首，以二十四节气为吟咏对象，采用格律谨严的五言律诗格式，从立春开始，按照节气的先后顺序一一写起，每首诗针对一个节气，立足不同节气的气候、物候、农事生产和民俗生活，展现了每个节气的独特风貌，是目前发现最早的二十四节气组诗，也是同类题材中的上乘之作，弥足珍贵。

总体上看，不同节气的诗词数量不一，其中关于立春、清明、冬至的较多，一定程度上反映了这几个节气的重要性，也反映了它们在诗人心中具有更强的吸引力。大体而言，节气诗词的内容主要涉及以下几个方面。

第一，写气候、物候，抒发节气推迁引起的情感之变

节气虽然是依据太阳在黄道上的位置划分的，却是通过气候、物候之变来反映的。每一个节气都有自己相应的气候和物候，比如雨水时“獭祭鱼，候雁北，草木萌动”，小暑时“温风至，蟋蟀居壁，鹰始挚”，小雪时“虹藏不见，天气上腾，闭塞而成冬”。诗人的心灵无疑是敏感的，并有着更强的生命意识。在中国传统社会，这种敏感和生命意识首先体现在对气候、物候之变的感觉上。风霜雨雪、草木荣枯、飞鸟去来、蛰虫伏苏，都会引起诗人的关注。他们往往通过描写气候、物候来表现对于特定节气的感知，唐代曹松《立春》就是这方面的典型：“木梢寒未觉，地脉暖先知。鸟啭星沉后，山分雪薄时。”在这里，树木、大地、小鸟、积雪，都成为指时的符号，它们当下的状态正揭示出立春时节的特点。又如唐代徐铉《和萧郎中小雪日作》中，篱菊、塞鸿也都是指时的符号：

征西府里日西斜，独试新炉自煮茶。
篱菊尽来低覆水，塞鸿飞去远连霞。
寂寥小雪闲中过，斑驳轻霜鬓上加。
算得流年无奈处，莫将诗句祝苍华。

然而，气候、物候不仅是指时的符号，更是诗人抒情言志的重要媒介。这早在宋玉的《九辩》中已有很好的反映：“燕翩翩其辞归兮，蝉寂漠而无声；雁廱廱而南游兮，鹍鸡啁哳而悲鸣。独申旦而不寐兮，哀蟋蟀之宵征。时亹亹而过中兮，蹇淹留而无成。”在诗里，燕子和大雁的南飞、蝉的无声、鸡的悲鸣、蟋蟀的夜行等等，都是标志秋天到来的物候，它们向人们昭示着一年已经过了一半，也意味着个体的生命已经过了中年，从而形成自然物候与个体生命的对应关系。正是基于此，作者发出了“蹇淹留而无成”的人生感慨。

又如欧阳修《踏莎行》：“雨霁风光，春分天气。千花百卉争明媚。画梁新燕一双双，玉笼鹦鹉愁孤睡。薜荔依墙，莓苔满地。青楼几处歌声丽。蓦然旧事心上来，无言敛皱眉山翠。”词中运用争奇斗妍的花朵，刚刚从南方飞来的燕子薜荔、莓苔等充满生机的物色以及优美的歌声，巧妙地呈现了春分时节的风景。然而，作者的目的并不止于呈现春景，更要表达“蓦然旧事心上来，无言敛皱眉山翠”的思绪与愁怀。

“荷叶生时春恨生，荷叶枯时秋恨成。”通过描写气候、物候之变抒发自己的所思所感，堪称中国古代诗词的传统。而这一传统遵循的逻辑，刘勰在《文心雕龙》中已有很好的总结，所谓：“春秋代序，阴阳惨舒，物色之动，心亦摇焉。”所谓：“岁有其物，物有其容，情以物迁，辞以情发。”不过，虽然“情以物迁”，但真正令诗人心动的其实是“时间”。

气候、物候之变是节气推迁的表征，也是节气推迁的结果，而节气推迁的实质是时间的流逝。只不过由于节气的存在，时间的流逝成为一个节气向另一个节气的过渡，或者说成为一个节气对另一个节气的替代，并因此在一定程度上具有了仪式感。节气日成为时间的节点，因节气推迁而来的物候之变则成为时间显现的方式。白居易说：“不因时节日，岂觉此时衰？”物候之变让诗人深刻地感受到季节的更迭、岁月的无情、年华的易逝和人世的变迁，并由此心生无限感慨；思乡怀友，吊古伤今、愤世嫉俗、忧国忧民等等，遂成为他们情感的表达。值得注意的是，一年之中，春秋两个季节更容易令诗人心动，时节诗更多表达的是惜春、伤春、谴春、悲秋、惊秋、感秋之情，因而，比之冬夏，春秋更堪称为“诗的季节”。

第二，记述农事活动以及农民的苦与乐

二十四节气的产生得益于我国较早就发展起来的农业生产，形成后又成为农业生产的指南。“种田无命，节气抓定。”春耕、夏耘、秋收、冬藏，不误农时，是农业获得丰收的基本保证，农民们则根据时节来安排生产和生活，用艰辛的劳作求得家庭幸福、衣食饱暖。对此，一些关心百姓疾苦的文人用诗歌体裁记述下来，其中最优秀的莫过于《诗经》中的《七月》。这首诗以时间为线索充分展现了农民的生活与苦乐，其中的一个段落为：“六月食郁及薁，七月亨葵及菽。八月剥枣，十月获稻。为此春酒，以介眉寿。”大意是：六月吃李子葡萄，七月煮秋葵大豆。八月开始打红枣，十月下地收稻谷。酿成春酒香又美，献上君子求长寿。农夫月月做着各月应做的不同的农事，并有着不同的心情。时间的节奏就这样决定着他们生活的节奏。

同样的诗在后代也不断出现，陶渊明、孟浩然、韦应物、苏轼、陆游、范成大等诗人都曾留下佳作，而一些诗深刻地反映农民的艰辛和受到的盘剥。其中，韦应物的《观田家》从惊蛰节气入手写农民的不易，诗云："微雨众卉新，一雷惊蛰始。田家几日闲，耕种从此起。丁壮俱在野，场圃亦就理。归来景常晏，饮犊西涧水。饥劬不自苦，膏泽且为喜。仓廪物宿储，徭役犹未已。方惭不耕者，禄食出闾里。"清人陈恭尹《耕田歌》诗云："耕田乐，耕田苦。乐者乐有年，苦哉不可言。……二月稻芽，三月打秧。五月收花，六月垂垂黄。再熟之田始有望。三月打秧，六月薅草，一熟之田，九月始得获稻。……上官不待熟不熟，昨日取钱今取谷，西邻典衣东卖犊。黄犊用力且勿苦，屠家明日悬尔股。"字里行间也充满了作者的深深同情。

第三，描述节气里的习俗和节物

中国传统节日的一个特点是与节气有着十分密切的关系，这一方面表现在一些传统节日因吸纳了相关节气日的礼俗活动和文化意义而变得更加丰富，比如惊蛰对龙抬头节、春分对社日、夏至对端午节、秋分对中秋节都产生了深刻的影响；另一方面表现在一些节气日如立春、清明、冬至等，本身就是官民重视的传统节日，它们有着十分多样的习俗活动和节事节物。这些礼俗活动和节事节物也被诗人骚客看在眼中，转入笔下，化为诗行，成为诗词宝库里富有特色的一部分，也成为今人考察古代节日习俗的重要依据。

“一年之计在于春。”立春是春天来到的标志时间，至少从汉代起，一直到清代，政府都要举行隆重的迎春大典，后来更演化为鞭春、演春、送春、吃春卷等多种礼俗活动。每届立春，人们要拿春幡，戴春胜，执春杖，打春牛，苏东坡的《减字木兰花·立春》词，便描绘了宋代海南的立春情景：“春牛春杖，无限春风来海上。便丐春工，染得桃红似肉红。春幡春胜，一阵春风吹酒醒。不似天涯，卷起杨花似雪花。”读来如有春风拂面，仿佛整个人都笼罩在春天的气息中。周复元有《迎春曲》，描摹的是明代北京的立春：“淑气晴光万户开，芊绵草色先蓬莱。林皋百鸟声相和，宫阙五彩云相回。东风猎猎赤旗止，金甲神人逐队起。群公吉服迎勾芒，乡人傩衣驱祟鬼。豹虎竿头御河柳，游丝荡漾莺求友。春胜春蛾闹五侯，恩光暗入谁先有。”从中可以想见当时的立春是何等的繁荣昌盛！南朝诗人刘孝威的《剪彩花绝句二首》、徐勉的《咏司农府春幡》，唐代雍裕之的《剪彩花》等，则都是对剪彩花这一立春节物的描写，其中一首《剪彩花绝句》云：“浅深依树色，舒卷听人裁。假令春色度，经住手中开。”描写了剪彩花令春色长驻的特点，别有一番趣味。

又如清明。“春分后十五日，斗指乙”，“万物生长此时，皆清洁而明净，故谓之清明。”清明节气在唐代时发展成为节日，一直到今天仍然流行，扫墓祭祖与春游娱乐（如斗鸡、蹴鞠、荡秋千、放风筝等）是其主要习俗活动。清明节是将生死并置的节日，一方面慎终追远，感恩逝者：另一方面关心当下，珍爱生命。这种巨大的张力对有着强烈生命意识的诗人总会产生巨大的吸引力，因而历史上的清明节诗词颇为洋洋大观，而且至今仍在不断生产。请看柳永的《木兰花慢·清明》：

拆桐花烂漫，乍疏雨，洗清明。正艳杏烧林，缃桃绣野，芳景如屏。倾城。尽寻胜赏，骤雕鞍绀幰出郊坰。风暖繁弦脆管，万家竞奏新声。

盈盈。斗草踏青。人艳冶，递逢迎。向路傍往往，遗簪堕珥，珠翠纵横。欢情。对佳丽地，信金罍罄竭玉山倾。拼却明朝永日，画堂一枕春醒。

桐花绽放，杏花盛开，桃花灿若云霞，人们倾城出动，寻芳觅胜。踏青的人是如此地多啊，路旁遗落了数不清的珠翠簪环……柳永的长调慢词用光艳明媚的色调描绘出宋代人清明时节踏青出游的热烈场面。

第四，描写个人的节气日生活

节气日是特殊时间，诗人们往往在节气日从事一些特殊的活动，从而形成非同寻常的节气日生活和情感。这些稍纵即逝的节气日生活和情感成为重要的写作素材，经由诗人的兰心蕙质、如花妙笔得以长留人间，成为珍贵的历史记忆。

仅以立春日为例，就有多首诗作。比如南朝陈后主某年立春日曾与张式、陆琼、顾野王、谢伸、褚玠、王縘、傅縡、陆瑜、姚察等九人一起在玄圃泛舟并作诗，留下《立春日泛舟玄圃各赋一字六韵成篇》的诗作，又与张式、陆琼、顾野王、殷谋、陆瑜、岑之敬等六人在玄圃泛舟并作诗《献岁立春光风具美泛舟玄圃各赋六韵》。又白居易有《立春日酬钱员外曲江同行见赠》，描写了立春日自己值班结束后，与钱员外一起把臂同游曲江的情形，诗云："下直遇春日，垂鞭出禁闱。两人携手语，十里看山归。柳色早黄浅，水文新绿微。风光向晚好，车马近南稀。机尽笑相顾，不惊鸥鹭飞。"这里，诗人看到柳树刚刚长出嫩黄的浅芽，看到河水散发出早春特有的新绿，天色向晚的时候，风光更加动人，游人却不多了，此时此刻，诗人与朋友尽情享受美好，尘世间的杂念荡然无存。

白居易的另一首《邯郸冬至夜思家》，则描写了唐德宗贞元二十年（804 年）作者孤身一人在异地过冬至的情形。在白居易生活的中唐时期，冬至是十分重要的节日，不仅朝廷要放长达七天的假期，民间也十分重视，大家互赠饮食，互致祝贺，一派热闹景象。在这理应阖家团圆共庆佳节的日子里，白居易却孤身在外，夜宿于邯郸驿舍中。在万般思念家人的乡愁中，他写下这样的诗句："邯郸驿里逢冬至，抱膝灯前影伴身。想得家中夜深坐，还应说着远行人。"没有精工华美的辞藻，没有奇特瑰丽的想象，作者只是用直率质朴的语言和精巧别致的构思，描绘出一个灯前抱膝枯坐、怀亲思家难以成眠的孤寂的游子形象，以及一幅家人深夜不睡思念远行之人的温暖画面。

中国文学史上关于节气的诗词数量众多，这既是二十四节气影响力的具体体现，也是二十四节气文化的有机组成部分。没有二十四节气，不可能产生这样的作品，而对这些作品的阅读和传播，则进一步加深了二十四节气的影响力。“清明时节雨纷纷”“冬至阳生春又来”的千古名句，不断提醒着节气的存在，也提醒人们一定珍惜这一宝贵的人类文化遗产。

除了文人创作之外，民间还流传着一些节气诗歌，虽然在审美价值上与文人诗词相比稍逊一筹，但也很好地揭示了节气的特点，而且节奏鲜明，韵律和谐，读来琅琅上口。比如下面这首节气诗歌，就是一篇很好的作品：

打春阳气转，雨水沿河边。惊蛰乌鸦叫，春分地皮干。清明忙种麦，谷雨种大田。

立夏鹅毛住，小满雀来全。芒种开了铲，夏至不纳棉。小暑不算热，大暑三伏天。

立秋忙打靛，处暑动刀镰。白露忙割地，秋分把地翻。寒露不算冷，霜降变了天。

立冬交十月，小雪地封严。大雪河叉上，冬至不行船。小寒再大寒，转眼又一年。

整篇诗歌共 24 句，每句 5 个字，前 22 句每句状写一个节气，简明扼要地突出了从立春到冬至22个节气的气候、物候变化或农业生产，倒数第二句将小寒与大寒连在一起说，为最后“转眼又一年”留下了空间，而这一句既是全诗的总结，又表达出对时间迅速流逝的不舍与感叹。

生产生活经验的艺术概括：节气谚语

谚语作为民间集体创造、广为流传、言简意赅并较为定性的艺术语句，是民众的丰富智慧和普遍经验的规律性总结，是宝贵的非物质文化遗产。二十四节气谚语，则是人们在长期生产生活实践中形成的与二十四节气有关的谚语，它涉及二十四节气的方方面面，是对二十四节气物候、气候及其与农业生产、日常生活关系的高度艺术概括，长期以来发挥着重要的指南作用，是二十四节气文化的重要组成部分。

二十四节气谚语数量庞大，音律和谐，形式多样，内容丰富，富有生活气息。其中既有将二十四节气作为一个整体加以看待的，又有涉及某一个节气或某几个节气的。它们揭示了中国人顺天应时的思维观念和行事准则，描述了节气与气候、物候变化以及农业生产、日常生活的关系，具有重要的社会价值和现实意义。

一、二十四节气作为整体看待的谚语

将二十四节气作为整体看待的谚语，主要涉及三方面的

内容：

其一，侧重表述二十四节气之于生产、生活的重要性，要求人们顺天应时，根据节气时令的变化调整人的行为，尤其是不误农时，抓紧生产。如“不懂二十四节气，不会管园种田地”“种田无命，节气抓定”“处人看脾气，种地看节气”“姑娘怕误女婿，庄稼怕误节气”“春光一刻值千金，廿四个节气勿等人”“一月有两节，一节十五天。立春天气暖，雨水粪送完。惊蛰快耙地，春分犁不闲。清明多栽树，谷雨要种田。立夏点瓜豆，小满不种棉。芒种收新麦，夏至快种田。小暑不算热，大暑是伏天。立秋种白菜，处暑摘新棉。白露要打枣，秋分种麦田。寒露收割罢，霜降把地翻。立冬起菜完，小雪犁耙开。大雪天已冷，冬至换长天。小寒快积肥，大寒过新年”等，都是这一类的谚语。

其二，涉及二十四节气的基本知识，包括二十四节气的具体名称、在历法中的位置等内容。二十四节气包括 24 个节气，各有其名，各有其时，要完整记下来并不容易，为了便于记忆，一些地方形成了如下内容的谚语。比如湖北远安有谚语云：“一国之宝，三大四小，二分四立，不多不少。”这里将大暑、大寒、大雪概括为“三大”，将小满、小暑、小雪、小寒概括为“四小”，将春分、秋分概括为“二分”，将立春、立夏、立秋、立冬概括为“四立”，如果记住了三大四小、二分四立，就记住了 24 个节气中的 13 个节气。又如陕西西安有谚语云：“节见节，半个月，上半年六、二十一，下半年八、二十三，前后不过一二天。”这条谚语目的在于说明24个节气之间的时间关系，以及在公历中的位置。“节见节，半个月”，是说每个节气约长15天；“上半年六、二十一，下半年八、二十三”，是说上半年的节气一般都位于每个月的6日或21日，下半年的节气一般都位于每个月的8日或23日，“前后不过一二天”，是说节气在阳历中的日子又不完全固定，会以6日、21日、8日、23日为标准前后有所摆动。如果我们能够记住这条谚语，又能理解其中每一句的含义，就能非常轻易地把握住二十四节气在公历中的位置。

其三，以节气日的天气状况预测未来。流传在河北张家口的一条谚语是这方面的典型好例：

立春节日雾，秋来水漫路；惊蛰节日雾，父子不相顾；
清明节日雾，多灾无其数；立夏节日雾，二麦满仓库；
芒种节日雾，市中全无醋；小暑节日雾，高田多失误；
立秋节日雾，长河作大路；白露节日雾，切莫开仓库；
寒露节日雾，穷人便欺富；立冬节日雾，老牛岗上卧；
大雪节日雾，鱼行上大路；小寒节日雾，来年五谷富。

谚语揭示了12个节气日如果有雾，会有什么样的未来，而从具体的表述中可以看到，人们对未来的关注主要是庄稼的丰欠和雨水的多寡。

二、有关具体节气的谚语

在二十四节气谚语中，有大量的谚语涉及某一个或者少数具体的节气。这些谚语涉及的内容更加丰富，对于生产生活的指导作用也更加具体和明晰。下面从几个方面进行概述。

第一，节气里的气候变化

气候是大气物理特征的长期平均状态，以温度的高低，降水的多寡，风的大小、多少与方向等特征加以衡量。从词源上讲，气候一词即来源于二十四节气和七十二候，宋代高承《事物纪原·正朔历数·气候》云：“《礼记·月令》注曰：‘昔周公作时训，定二十四气，分七十二候，则气候之起，始于太昊，而定于周公也。’”每个节气有不同的气候，而节气的更替也一定体现在气候的变化上。诸多的谚语，都说明了节气与气候变化的关系，显示了具体节气里的具体气候，或者揭示随着具体节气的来临而出现在温度、降雨、霜雪、打雷、刮风等方面的变化。比如“吃了立春饭，一天暖一天”“小暑过，一日热三分”“立了秋，凉飕飕”“立秋早晚凉，中午汗湿裳”“大寒到顶点，日后天渐暖”，反映的是某一个节气里温度的变化；“雨水节，雨水代替雪”“小满雨水相赶”，反映的是某一个节气里雨水的变化；“惊蛰至，雷声起”“立秋之日凉风至”“节到小雪大下雪”，反映的是某一个节气里打雷、霜雪和刮风方面的变化。

还有一些谚语同时反映一个节气里两种以上的气候变化，或者两个及以上节气的气候变化，前者如“清明雨渐增，天天好刮风”，后者如“冷惊蛰，暖春分”“清明断雪，谷雨断霜”“立夏小满，江河水满”“小暑大暑，灌死老鼠”“春分日不暖，秋分日不凉”“清明暖，寒露寒”“不到冬至不寒，不至夏至不热”“小寒大寒，冷成冰团”，等等。

第二，节气与物候变化

物候主要是指动植物的生长、发育、活动规律对节候的反应。气候变化影响着动植物的生长发育，动植物的生长发育则反映着气候的变化。著名气象学者竺可桢先生说“花香鸟语，草长莺飞，都是大自然的语言”，指的就是物候现象。物候知识在我国起源很早，《逸周书·时训解》中就已经完整地记录了七十二候，各候均有一个物候现象相对应，称为候应。七十二候候应的依次变化，反映了一年中气候变化的一般情况。而二十四节气中，也有许多包含了丰富的物候知识。这些物候既涉及植物的幼芽萌动、开花、结实和动物的始振、始鸣、交配、迁徙等；也涉及非生物候应如：始冻、解冻、雷始发声等。其中表明植物物候的，如“立春一日，百草回芽”“春分麦起身，一刻值千金”“春分后，清明前，满山杏花开不完”“谷雨麦挑旗，立夏麦头齐”“小满小满，麦粒渐满”“夏至杨梅满山红，小暑杨梅要生虫”“白露枣儿两头红”等等。表明动物候应的，如“雁、燕、蝉始叫，夏至到；蟋蟀叫，秋天到”“喝了白露水，蚊子闭了嘴”“西风响，蟹脚痒，蟹立冬，影无踪”“立夏蛇出洞，准备快防洪”“立夏小满青蛙叫，雨水也将到”等等。表明非生物候应如“立冬交十月，小雪地封严，大雪河冰封，冬至不行船，小寒奔大寒，即要迎新年”“小雪不封地，不过三五日”“小雪封地，大雪封河”等等。

第三，以节气的天气预测年成和疾病灾害状况

“生年不满百，常怀千岁忧。”立足现在、回望过去、展望未来，是人作为万物之灵与其他动物的根本区别之一。人生在世，谁都盼望过上丰衣足食、无病无灾的美好生活，因此，人们特别关心未来作物能否丰收，是否无病无灾，这就构成了大量节气谚语的重要内容，其中又以作物是否丰收的谚语更加多出。

这部分谚语，有些预测是好的结果，但是这些好的结果具体如何表现，不同的谚语又有所不同。有的只是笼统地指出会有好的年景收成，如“春分有雨是丰年”“清明动南风，今年好收成”“清明冷，好年景”“小雪雪满天，来年必丰年”“大雪到来大雪飘，兆示来年年景好”“冬至天气晴，来年百果生”；有的则具体说明是什么庄稼，比如“立春雪水化一丈，打得麦子无处放”“惊蛰有雨并闪雷，麦积场中如土堆”“惊蛰闻雷，谷米贱似泥”“清明雨星星，一棵高粱打一升”“立夏天气凉，麦子收得强”“立冬三日阳，谷子堆成仓”等等。

预测当然也会出现不好的结果，如“春分早报西南风，台风虫害有一宗”“立夏日鸣雷，早稻害虫多”“立夏前后连阴天，又生蜜虫又生疸”“立夏前后天干燥，火龙（指红蜘蛛）往往少不了”“雷打秋，冬半收 ”“立秋无雨是空秋，万物历来一半收 ”“雷打冬，十个牛栏九个空”“霜降前降霜，挑米如挑糠”“处暑若还天不雨，纵然结子难保米”“立冬落雨会烂冬，吃得柴尽米粮空”等等。

人生在世，都会怕病，节气谚语也对人身康宁给予了关注，“春分有雨病人稀，清明东风人康宁，立夏东风少病情”就是其中的一个典型。

那么节气的天气状况是否真能预测未来的年成和疾病、灾害状况呢？我们不妨从两方面来看待这一问题。一方面，确实可以有效预测，因为不少谚语作为经验的总结，其中自有科学道理。比如“小雪大雪不见雪，小麦大麦粒要瘪”，是说小雪、大雪节气如果不下雪的话，将来小麦和大麦的籽粒就不饱满。它与“大雪到来大雪飘，兆示来年年景好”一样都包含着科学道理，只不过一个从反面说起，一个从正面说起。从科学角度讲，冬季的雪对于麦子的生长十分有利。这首先是因为雪可以保暖土壤，冬季天气冷，下的雪往往不易融化，里面藏了许多不流动的空气，这样就像给麦子盖了厚厚的棉被，外面再冷，下面的温度也不会降得很低。其次，雪融化后，在春雨贵如油的时节准备了充足的水分，十分利于麦子的生长发育。其三，化雪的时候要从土壤中吸收许多热量，土壤会突然变得非常寒冷，害虫就会被冻死。反过来，如果该下雪的时候不下雪，就无法起到上面的作用，自然不利于麦子的生长和丰产。

另一方面，预测本是具有许多不确定性的活动，“清明东南风”并不一定意味着“今年好收成”，“雷打冬”也不一定意味着“十个牛栏九个空”，这样的谚语，与其说旨在告诉人们一种结果，毋宁说是要传递一种观念思想，清明东南风是天行有常的表现，雷打冬是风雨不时的象征，自然界着实对于人类的生产具有极其重要的影响。

第四，以节气日的天气预测未来的天气和气候状况

人的生产生活无不受到天气气候的影响，对天气气候的预知和把握可谓人的一种基本需求。当代有建立在高科技基础上的天气预报，对于不同尺度的区域或具体地点未来一段时期内的阴晴雨雪、最高最低气温、风向、风力以及寒潮、冰雹、台风、暴雨等特殊的灾害性天气，进行预报。及时掌握天气预报，以确定是否添减衣物，是否携带雨具等，几乎是每个人每天必做的功课。古代的人们同样需要知道未来的天气如何，他们通过看风、看云、看冷暖、看雨来预测天气，并加以有效利用。诸葛亮草船借箭[1]和借东风火烧赤壁[2]的故事，都是通过有效利用天气预测的好例。与现代天气预报相比，古人预测天气有一个明显的特征，就是对某个节气日或

① 《三国演义》第四十六回描绘了草船借箭的故事。周瑜为了杀害诸葛亮，提出限诸葛亮十天拿出十万支箭，诸葛亮一眼识破是一条害人之计，却淡定表示"只需要三天"。原来诸葛亮已预测出三天之内江上必有大雾。他事先向鲁肃借了二十只船，要求"每船要军士三十人，船上皆用青布为幔，各束草千余个，分布两边"。到了第三天夜间，"大雾漫天，长江之中，雾气更甚，对面不相见"，诸葛亮遂命用长索将二十只船连在一起，起锚向北岸曹军大营进发。时至五更，船队已接近曹操的水寨。诸葛亮让士卒将船只头西尾东一字摆开，横于曹军寨前，然后命令士卒擂鼓呐喊，故意制造出击鼓进兵的声势。曹操闻报后，担心重雾迷江，遭到埋伏，不肯轻易出战，于是急调射手万余人，一齐向江中乱射。一时间，箭如飞蝗，纷纷射在江心船上的草把和布幔之上。日出雾散时，船上草把已密密麻麻排满了箭枝，足有十余万。后人有诗赞曰："一天浓雾满长江，远近难分水渺茫。骤雨飞蝗来战舰，孔明今日伏周郎。"

② 根据《三国演义》，借东风火烧赤壁的故事发生在建安十三年（公元 208 年）十一月。当时，曹操率兵五十万，号称八十万，进攻孙权。孙权兵弱，便与刘备联合起来抗曹，但兵力也不过三、五万，只得凭借长江天险，拒守在大江南岸。曹军多为北方兵士，不习水战，很多人得了疾病，士气低下。为了减轻船舰被风浪颠簸，曹操命令工匠把战船连接起来，成为所谓的"连环战船"。有人提醒曹操防备吴军乘机火攻，但曹操认为："凡用火攻，必借东风，方令隆冬之际，但有西北风，安有东南风耶？"孙权手下大将周瑜也看到了这个问题，但由于气候条件不利火攻，急得他"口吐鲜血，不省人事"。刘备军师诸葛亮却认为"天有不测风云"，并密书十六字："欲破曹公，宜用火攻；万事俱备，只欠东风。"于是诸葛亮设坛祭风，十一月二十日夜晚果然刮起了东南风。周瑜一方事先已做好充分准备，"自准备火船二十只，船头密布大钉；船内装载芦苇干柴，灌以鱼油，上铺硫黄、焰硝引火之物，各用青布油单遮盖；船头上插青龙牙旗，船尾各系走舸"，由部将黄盖以假降的方式带船接近曹军，离曹军还有二里多远的时候，将船同时点火，火烈风猛，船像箭一样向前飞驶，把曹军战船全部烧光，并蔓延至陆上营寨。顷刻间曹军人马烧死和淹死的不计其数。唐朝诗人杜牧有诗云，"东风不与周郎便，铜雀春深锁二乔"，专门提到东风帮了周瑜的大忙，否则孙策的妻子大乔和周瑜的妻子小乔就都被曹操掳到铜雀台去了。围绕诸葛亮借东风还形成有名的歇后语，"孔明借东风——巧用天时""诸葛亮借东风——神机妙算"。

节日的天气状况给予格外的关注，并借以预测未来，这样的节气谚语实在是不少。其中一些涉及节日天气与节气日天气的关系，比如“正月十五雪打灯，清明时节雨纷纷”，就是说如果元宵节下雪的话，就预示着清明时节会下雨。

也有一些谚语根据某个节气的天气、气候情况来预测未来的天气和气候，比如“立春热过劲，转冷雪纷纷”是说如果立春时节天气过于暖和，一旦重新冷起来就会下雪。“未到惊蛰雷先鸣，必有四十五天阴”是说如果还没有到惊蛰节气就打雷的话，接下来阴天就会多，甚至有四十五天的连阴天。“惊蛰刮北风，从头另过冬”是说如果惊蛰日刮了北风，那么天气就会重新转冷，人们好像要再过一次冬天一样。“清明北风十天寒，春霜结束在眼前”是说如果清明日刮北风的话，就还有十天冷日子，春天的霜很快就没有了。“芒种打雷是旱年”，是说芒种日打雷预示着当年雨水稀少，旱情严重。“夏至无云三伏热”，这天夏至日这些天气晴好，没有云彩，预示着三伏天会十分炎热。“阴过冬至晴过年”是说如果冬至日是阴天，那么过年的时候就是晴天。

还有一些谚语是在两个或多个节气日的天气情况之间建立起预测关系。比如“春分大风夏至雨”是说春分日刮大风预示着夏至日会下雨；“春分日有雨，秋分日大水”是说春分日下雨预示着秋分日会下大雨；“小暑大暑不热，小寒大寒不冷”是说如果小暑大暑时节不太热的话，小寒大寒时节就不会太寒冷。“立冬有风，立春有雨；冬至有风，夏至有雨”

也是这一类型的谚语。

还有一些谚语也与预测天气有关，但预测的依据不是节气日的天气状况，而是节气在夏历中的位置，如“冬在头，卖了被置头牛；冬在腰，冻死猫；冬在尾，冻死鬼”即是这样的谚语。这里的冬是指冬至日，冬至为冬月（夏历十一月）的节气，但它在冬月的位置并不固定，有时在上旬，有时在中旬，有时在下旬，比如2018年的冬至日是12月22日，为戊戌年的十一月十六日，即在中旬，也即谚语中所说的“在腰”。2017年的冬至日也是12月22日，但为丁酉年的十一月五日，即在上旬，也即谚语中所说的“在头”；2016年的冬至日是12月21日，为丙申年的十一月廿三日，位于下旬，也即谚语中所说的“在尾”。这句谚语的意思是：如果冬至日位于夏历十一月的上旬，天就会暖和，以至可以将被子卖了换头牛；如果冬至日位于夏历十一月的中旬和下旬，就会十分寒冷，冷到能冻死猫、冻死鬼。

与当代天气预报往往关注最近一段时间的天气气候状况不同，很多节气谚语对未来天气和气候状况的预测往往有特别大的时间跨度，比如“冬至无雨，来年夏至旱”是以冬至节气的降雨情况预测来年夏至时节的雨水多寡，“清明一吹西北风，当年天旱黄风多”是以清明节气的风向来预测整年的降水状况与刮风状况。这些谚语同样是经验的总结，但其准确性到底多大，并不易说清。但它们无不体现了人们渴望把握未来的积极努力。

第五，对农业生产的指导

农业生产是人们的衣食之源，中国传统社会以农立国，至今农业被称为第一产业，在国计民生中具有基础性地位。对农业生产进行指导是节气谚语的重要功能，因而这方面的谚语为数众多。其中一些从整体上指导农民要不误农时，及时播种收获，如“七九八九雨水节，种田老汉不能歇”“清明一到，农夫起跳”等等；另一些则给予具体指导，涉及农作物播种、收获以及田间管理等多个方面的内容。

播种方面的节气谚语，如“清明麻，谷雨花，立夏点豆种芝麻”“清明种棉早，小满种棉迟，谷雨立夏正当时”“清明高粱接种谷，谷雨棉花再种薯”“谷雨栽上红薯秧，一棵能收一大筐”“小满节气到，快把玉米套”“小满后，芒种前，麦田串上粮油棉”“谷雨天，忙种烟”“立秋前，三四天，白菜下种莫迟延”“中伏萝卜末伏菜，立秋前后大白菜”“白露种葱，寒露种蒜”等等。这些谚语涉及各种各样的农作物，格外强调播种与具体节气的对应关系。收获方面的谚语与其十分类似，如“立秋十日割早黍，处暑三日无青穆”“麦到芒种谷到秋，豆子寒露用镰钩，骑着霜降收芋头”“处暑好晴天，家家摘新棉”，同样强调与具体节气的对应关系。

在田间管理方面，节气谚语表现出不同农作物在不同节气有不同的管理重点，比如“惊蛰地化通，锄麦莫放松”强调惊蛰时节地气开通，要多锄地为麦松土，“立夏麦咧嘴，不能缺了水”强调立夏时节要加强对小麦的灌溉。“立秋管葱，快把土壅”强调立秋时节要加强对葱的管理，管理的重点是多为葱培土；立秋时节也要加强对棉花的管理，但管理的重点是在整枝方面，所谓“立秋棉管好，整枝不可少”是说立秋后也要加强锄棉工作，因为“秋后棉花锄三遍，絮厚绒白粒饱满”。

值得一提的是，这方面的节气谚语，还有一些是将某一种农作物生长过程的主要环节及其管理都与节气联系起来，并用一条谚语加以描述，如“立秋播种，处暑移栽，白露晒盘，秋分拢帮，寒露平口，霜降灌心，立冬砍菜”“秋分种，立冬盖，来年清明吃菠菜”，就分别描述了白菜和菠菜从播种到收获的全部过程，从而为白菜和菠菜的生产给出了十分具体的指导意见。

当然，广义的农业并不仅指种植业，而是包括种植业、林业、畜牧业、渔业、副业等多种产业形式在内的经济生产部门，因此节气谚语也会涉及其他方面。比如“植树造林，莫过清明”“立了秋，苹果梨子陆续揪”“白露打枣，秋分卸梨”“小雪虽冷窝能开，家有树苗尽管栽”“到了小雪节，果树快剪截”“立秋摘花椒，白露打核桃，霜降下柿子，立冬吃软枣”等等，都与林业有关。“秋前牲口细心管，三秋逞强在田间”“白露到秋分，家畜配种带打针”“霜降配羊清明羔，天气暖和有青草”“数九寒天鸡下蛋，鸡舍保温是关键”等等，都与畜牧业有关。“谷雨是旺汛，一刻值千金”“立秋处暑温度高，喂鱼注意多投草”“寒露节到天气凉，相同鱼种要并塘”“小雪到来天渐寒，越冬鱼塘莫忘管”等等，均与渔业相关。此外，还有一些谚语具有综合性，同时涉及两个以上的产业形式，如“二月惊蛰又春分，种树施肥耕地深”“白露割谷子，霜降摘柿子”“寒露收山楂，霜降刨地瓜”等等。

第六，节气对人类生活的指导

二十四节气不仅关乎生产，亦深系生活，与此相关，节气谚语中有一部分是对生活的指导，从穿衣到饮食到娱乐休闲，无不涉及。比如穿衣方面，就有“立秋三场雨，夏布衣裳高搁起”“一场秋雨一场寒，十场秋雨换上棉”等。娱乐休闲方面如“谷雨过三天，园里看牡丹”“白露身不露，秋后少游水”。饮食方面如“立夏栽茄子，立秋吃茄子”“冬至饺子夏至面”“夏至馄饨冬至团，四季安康人团圆”“夏至食个荔，一年都无弊”“立冬补冬，补嘴空”“冬至羊，夏至狗，吃了满山走”等等。此外，还有一些其他内容的谚语，也与生活有关，如“过了夏至节，夫妻各自歇”“爱玩夏至日，爱眠冬至夜”“立秋洗肚子，不长痱子拉肚子”等。总体上看，这些谚语也传递着顺天应时、循时而动的思想观念，指导人们生活起居一方面要遵循自然规律，另一方面要利用自然实现自身之圆满。

三、与九九、三伏有关的节气谚语

九九有冬九九与夏九九之分。所谓冬九九，就是从冬至日（也有的从冬至日的次日）开始数九个九天，第一个九天称为一九，第二个九天称为二九，以此类推，第九个九天称为九九。冬九九涉及冬至、小寒、大寒、立春、雨水、惊蛰等6个节气，这是从冬季向春季、从寒冷向温暖转化的一段时间，九九八十一日尽，冬去春来，寒消暖长。其中三九天处于小寒和大寒节气期间，最为寒冷。夏九九则是从夏至日开始数九个九天，这是从夏季向秋季、从炎热向凉爽转化的一段时间，九九八十一日尽，夏去秋来，暑消凉生。三伏则从夏至日后第三个庚日开始算起，第三个庚日起为初伏，第四个庚日起为中伏，立秋后第一个庚日起为末伏。初伏、中伏、末伏合称三伏。三伏涉及小暑、大暑、立秋等节气，是一年中最为炎热的时间。所以人们常用“冬练三九，夏练三伏”赞美人刻苦学习、坚持锻炼的精神。

九九、三伏是附属于二十四节气的时间制度，围绕它们有不少习俗，也产生了一些谚语，这些谚语同样属于节气谚语的范畴。从内容上讲，则主要涉及以下几个方面。

第一，具体节气与九九、三伏的关系。如“春打六九头”是说立春节气与冬九九的关系，意思是立春日处在第六个九天的前面。“秋后加一伏”是说三伏天的末伏是从立秋日算起。“小寒节，十五天，七八天处三九天”是讲小寒节气与冬九九的关系，数九从冬至日或冬至次日开始，小寒又是紧接在冬至后面的节气，因此，十五天的小寒节气就分处于二九和三九中，其中七天或八天处在三九中，这是科学计算出来的结果。节气与九九、三伏都是较为复杂的时间制度，又是日常生活的基本框架，因此，找到方便易记的方法十分重要，对此，谚语显然发挥了积极的作用。

第二，九九、三伏的气候与物候。如“冷在三九，热在中伏”，就涉及气候，意思是三九天最为寒冷，中伏天最为炎热。这是有科学道理的。地球上的冷暖取决于得到热量与失去热量的对比关系。虽然冬至日这天在北半球得到的太阳辐射热量最少，但陆地积累的热量还没有损失到最少，所以冬至时不是最冷；随着陆地每天吸收的热量继续少于散失的热量，三九前后，也即小寒大寒时节，地球上的热量绝对数量最少，最为寒冷。到了夏天，虽然夏至日这天北半球得到的太阳辐射热量最多，但陆地积累的热量还没有达到最多，所以此时不是最热。随着热量日益积累增多，到中伏前后，也即小暑、大暑时节，达到最大值，温度最高，最为炎热。“七九河开，八九雁来”，则涉及物候。七九时节河里的冰已然融化，八九时节大雁从南方回来。流水淙淙，雁行飞过，正是生机盎然的春天景色。

第三，对农业生产和生活作息的指导。如“豌豆出了九，开花不结纽儿”“种蒜不出九，出九长独头”“九尽杨花开，春种早安排”“九九八十一，家里做饭地里吃”“三伏有雨好种麦”“遇到伏旱，赶快浇灌，单靠老天，就要减产”“牛喂三九，马喂三伏”，都明确地告诉人们应该如何在九九天、三伏天做宜做之事。

第四，对年景和天气状况的预测。如“伏里多雨，囤里多米”“伏天雨丰，粮丰棉丰”“伏天大雨下满塘，玉米、高粱啪啪响”“伏天大雨下过头，秋季庄稼要减收”“伏天穿棉袄，收成好不了”，都以伏天的雨水多少、温度高低来预测农作物的丰歉。“三九不封河，来年雹子多”“三九四九不下雪，五九六九旱还接”“雨水东风起，伏天必有雨”，则是对未来天气状况的预测。

四、节气谚语的思想性和艺术性

节气谚语数量宏大，内容丰富，形式多样，但又具备一些共同的特征，可以概括为突出的思想性、鲜明的地方性和高度的艺术性。

（一）突出的思想性

顺天应时是二十四节气的文化精神，也是节气谚语的精神核心。节气谚语突出的思想性就在于处处贯彻并传递着顺天应时的思想观念，要求人们顺天应时、循时而动，遵循自然规律，根据节气时令的变化安排农业生产，调整生活节奏和生活内容，同时利用自然实现自身之圆满。这在对农业生产和日常生活具有鲜明指导性的节气谚语中表现尤为突出。

对农业生产具有指导性的节气谚语，无论涉及农、林、牧、副、渔哪种产业形式，都通过强调应该做什么、避免做什么体现顺天应时的思想观念。

在应该做什么方面，有些谚语采取不这样做就会带来不良后果的方式来表述，如“寒露不摘烟，霜打甭怨天”“寒露不刨葱，必定心里空”；有些谚语则采取这样做会带来好结果的方式来表述，如“麦点在寒露口，点一碗，收三斗”“白露田间和稀泥，红薯一天长一皮”。当然也有些谚语更直接，只是告诉人们应该这样做就好，如“雨水到来地解冻，化一层来耙一层”“到了惊蛰节，耕地不能歇”“处暑谷渐黄，大风要提防”“白露早，寒露迟，秋分种麦正当时”等等。

在不应该如何做方面，有些谚语采取直陈的方式，有些则通过如果这样做就带来不良后果的方式来表述，前者如“春分无雨莫耕田，秋分无雨莫种园”，后者如“立秋种芝麻，老死不开花”“立冬种豌豆，一斗还一斗”。

当然，也有一些谚语采取对比的方式，将好的结果与不良后果置入同一条谚语，从而进一步增强了指导意味。如“立冬前犁金，立冬后犁银，立春后犁铁”，通过将立冬前后以及立春后犁地分别带来的结果用“金”“银”“铁”加以表示，并列在一起，鲜明地反映出不同节气犁地的不同价值，并清晰地表达了犁地宜于立冬前的指导性意见。再如“秋分麦粒圆溜溜，寒露麦粒一道沟”，通过对比秋分和寒露两个不同节气播种分别带来“麦粒圆溜溜”和“麦粒一道沟”一好一坏的不同结果，告诉人们播种小麦应该选择在秋分时节。

指导人们生活起居的节气谚语同样如此，如“冬至羊夏至狗，吃了满山走”所体现的，一方面在冬至日，人们要食用与“阳”谐音的羊以顺应冬至“一阳生”的节气特性，在夏至日食用阳性动物狗，以抑制夏至日开始生发的“阴气”，从而与大自然保持一致，同时又能令自己身体健康。

（二）高度的艺术性

谚语是民间集体创造、广为流传、言简意赅并较为定性的艺术语句，节气谚语作为谚语的重要组成部分，言简意赅，注重修辞手法的使用，同样具有高度的艺术性。

比喻是节气谚语中常用的一种修辞手法，也叫“譬喻”“打比方”，它用跟甲事物有相似之点的乙事物来描写或说明甲事物。比如“立了秋，枣核天，热在中午，凉在早晚”，将立秋之后的日子说成“枣核”天，用枣核中间粗两头尖的形象比喻立秋之后中午热、早晚凉的气候特点，形象而生动。“处暑天还暑，好似秋老虎”，意在说明处暑时节天气仍然炎热，用“秋老虎”作比喻就让人对炎热的程度有了更加深刻直观的认识和理解。

拟人修辞方法，是把事物人格化，将本来不具备人的动作和感情的事物变成和人一样具有动作和感情的样子，也在节气谚语中多有运用，借以增强表达效果，使语言更加生动活泼，充满生活气息。比如“惊蛰过，暖和和，蛤蟆老角唱山歌”，用蛤蟆、老角唱山歌的拟人手法，表明惊蛰时节天气转暖，动物都活动起来。又如“清明到，麦苗喝足又吃饱”，同样采用了拟人手法，用麦苗喝足吃饱表明清明时节雨水增多的自然现象。

夸张，是为了达到某种表达效果的需要，对事物的形象、特征、作用、程度等方面着意夸大或缩小的修辞方式。“小暑不见日头，大暑晒开石头”就运用了夸张的手法。这句话的意思是小暑日如果不是晴天的话，那么大暑时节天气就十分炎热，但这里并没有直接用“热”字，而是用“晒开石头”这样夸张的手法，引起人们的联想，进一步突出了热的程度。

对偶是用两个结构相同、字数相等、意义对称的词组或句子来表达相反、相似或相关的意思。从形式上看，对偶前后两部分整齐均匀、音节和谐、具有节奏感；从意义上讲，前后两部分关系密切，集中凝练；十分便于记忆和传诵。与其他修辞手法相比，对偶在节气谚语中应用得最为广泛，相关的例证如“清明难得晴，谷雨难得阴”“小暑不算热，大暑正伏天”“人怕老来穷，稻怕秋前发”“小寒大寒，杀猪过年”“百年难逢金满斗，十年难逢岁交春”等等，不胜枚举。

节气谚语承载着中国人特有的思想观念和千百来积累的宝贵经验，多种修辞手法的运用，则赋予了节气谚语便于传播和记忆的神奇能力，它于是成为人们生产生活的基本遵循。不论是在城市还是在乡村，不同地方的民众，都围绕节气转换的时间节点，有序地安排日常生活，有序地组织农事生产，并不断总结提炼出新的谚语充实到既有的谚语库当中。节气谚语是节气生活的产物，反过来，对于节气生活的传播传承而言又厥功至伟，成效显著。

二十四节气的当代价值

自2016年11月“二十四节气——中国人通过观察太阳周年运动而形成的时间知识体系及其实践”列入人类非物质文化遗产代表作名录以来，二十四节气的保护和传承就成为全国上下普遍关注的热点问题。二十四节气作为中国传统历法的重要内容，长期以来在国计民生中发挥重要作用，是国家行政和举办重大礼仪活动的时间准绳，是农业生产的指南针，也是日常生活的方向标。但二十四节气毕竟是生发于、发展于中国传统农业社会的一套时间知识体系和实践，当今天人们步入现代工业社会，甚至后工业社会，二十四节气还有存在的价值和意义吗？

事实上，尽管时移势易，现代社会发生了重大变迁，二十四节气当前所处的环境与它所生发的环境十分不同，这给二十四节气的生存提出了挑战，也使二十四节气的传统功能弱化，但二十四节气仍然具有重要的当代价值，具体体现在以下几个方面。

第一，二十四节气传承久远，播布广泛，文化形式多样，文化内涵丰富，贯穿着天人合一的价值理念，遵循着顺天应时、循时而动的文化精神，反映着中华民族对人与自然之间关系的深刻理解：人是万物之灵，又是自然之子。尊重生命节奏，遵循自然规律，根据自然界的变化、时间的变化来调整自己的行为，循时而动，以合时宜，并充分利用自然之物，实现自身之圆满。比如春天是天地和同、草木萌动的季节，“一年之计在于春”，人们就要循时而动，及时播种，不误农时，且顺应“春生”的特点，不用母畜作为祭品，不砍伐树木，不捣毁鸟巢，不杀害幼虫、已怀胎的母畜、刚出生的小兽、正学飞的小鸟，不捕捉小兽和掏取鸟卵，等等。这些符合时宜的活动都有利于万物生长，天人和谐。这种理念在全球生态环境严重恶化、可持续发展遭遇危机的当今，凸显出普遍意义和共享价值。

第二，仍然具有时间表记和时季转换的提示意义。二十四节气与现在国际上通行的公历一样，都是太阳历，也因此，它和公历的日期基本对应。当前我国实行的是公历和中国传统历法并行、公历为主的历法，对二十四节气的标注和使用，意味着中国在与世界节奏保持一致的同时，又保留了自己的特色和元素。不仅如此，二十四节气的名称本身即将时间的流转与气候、物候的变化相关联，其中有 8 个反映了季节变化，即二分二至和四立；5 个反映了温度变化，即小暑、大暑、处暑、小寒、大寒；7 个反映了降水变化，即雨水、谷雨、白露、寒露、霜降、小雪、大雪；4 个反映了物候变化，即惊蛰、清明、小满、芒种，因而具有鲜明的时季转换的提示意义，这是公历所不具备的特点和优势。

第三，仍然可以发挥指导农业生产的作用。我国当前正在经历快速的城市化，城镇化率 2015 年已达 56.1%，未来一段时间将继续保持较高的城镇化速度，但是中国仍然是农业大国，农业生产仍然是国民经济中最基本的物质生产部门，是经济发展的基础。尤其近来我国实施乡村振兴战略，将三农工作置于党和国家工作中的重中之重，这使二十四节气在指导农业生产方面仍然大有可为。长期以来，我国各地民众因地制宜，生产出符合本地特点、具有本地特色、发挥本地优势的节气文化，尤其数量众多的节气谚语，是经验和智慧的结晶，对于指导农业生产仍然具有重要价值。

第四，仍然可以指导日常生活，尤其是养生方面的意义重要。不少节气谚语都是对生活的指导，从穿衣到饮食到娱乐休闲，无不涉及。现代社会，一方面物质生活水平提升，人们越来越注重生命的安全与健康，另一方面，人们的生活节奏日益脱离自然时序节奏，由此带来身体亚健康等一系列问题，促使人们对反自然行为进行反思，二十四节气养生强调人和着自然的节拍，根据不同的节气适时调整自己的行为、饮食与精神，这对强身健体、延年益寿具有积极作用。

第五，相关文化和实践活动仍然可以丰富人们的生活内容，并为人们观察自然、感受自然、诗意地栖居提供可能性。由于城市化的推进，越来越多的人口生活于城市之中。城市更多是人类在超越自然条件的基础上改造自然的产物，城市让人远离了大自然。人是自然之子，却常年栖居于非自然的环境之中。与自然的疏离催生了回归大自然的念头。二十四节气让人更好地感知自然的韵律和气息，从而真切地体会到融入自然、与自然和谐相处的亲密与诗意。2016 年 6 月 21

日是夏至日，23 日清晨，笔者在北京安定门处的护城河畔散步。“吸引我的是那些五颜六色的木槿花，白粉红紫，十分齐全，花朵仍然不少，种子则似乎更多。时光推移，它们也已到成熟季节了。正走着，蓦然间听到几声蝉鸣，高亢而骄傲。夏至二候蝉始鸣，这几声鸣叫真应了时节。……不由想起虞世南那首有名的咏蝉诗：‘垂緌饮清露，流响出疏桐。居高声自远，非是藉秋风。’但这几声蝉鸣显然是从面前那棵柳树上传出来的。当然，无论柳桐，能够在上面安身立命，自由歌唱，便是佳处。”上面这段文字摘自笔者的日记，至今笔者还能回想起当时心中涌起的美妙诗意，这是因节气而产生的独特感受。中国古人有许多因节气而写、为节气而写的诗词，状写气候物候，抒发节气推迁引起的情感之变，它们流传至今，成为时下人们穿越时空，与诗人共同感受自然节律、让生活充满诗情的重要凭依。

第六，具有重要的文化认同价值。二十四节气是中华民族的原创文化，是古代民众在长期实践中不断求索、认知、总结的智慧结晶，它所蕴涵的中华文明的宇宙观和核心价值理念，是中华文明区别于其他文明的重要方面。历史上，二十四节气伴随着王朝历法的颁布成为老百姓遵循的日用之时，为全国各地所采用，并为多民族所共享，在长期的生产生活实践中，各地的人们对于二十四节气进行因地制宜、因俗制宜的创造性利用，形成了十分丰富的物质文化、制度文化和精神文化，甚至成为文化认同的重要载体。马来西亚地处热带，无明显的四季之分，但马来西亚的华人却顽强地保持着冬至祀祖、吃汤圆的习俗。对同一种时间制度的共享，在同一时间举行同样约定俗成的活动，是形成对中华文化认同的重要路径。在社会上普遍存在认同危机的当下，这种文化认同的价值就更加突出。

第七，是文化创意的重要资源。二十四节气是中华传统文化的综合载体既可以为文化创意提供材料，也可以激发人们的创造力，是进行文化创意的重要资源。如今已经出现了不少广受欢迎的二十四节气产品，显示了二十四节气在文化创意方面的价值和活力。融古汇今，继往开来，结合时代需要和条件，对传统二十四节气文化进行创造性转化、创新性发展，并使之应用于生产生活之中，既是对二十四节气文化的当代传承，也是保护二十四节气文化使之历久弥新的根本路径。

春季节气

一年之计在于春。春，是一年中的第一个季节，是天气转暖、雨水增多、天地俱生、万物以荣的季节，也是人们辛勤耕种、播撒希望的季节。春季包括 6 个节气，即立春、雨水、惊蛰、春分、清明、谷雨。立春标志着春气的来临，古时人们会在立春前后举行盛大的仪式欢迎它，并发展出打春、咬春、戴春、占春等多种习俗。雨水是反映降水现象的节气，人们常言“春雨贵如油”，说的即是对春雨的珍视。到了惊蛰，雷声惊醒蛰伏的动物，生机勃勃的春天到来了。春分作为将春平分的节气，具有“阴阳相半，昼夜均而寒暑平”的特点，在国家礼仪中占有一席之地。清明是节气，也是重要的节日，农事活动、祭扫活动以及娱乐活动赋予它鲜明的特色和丰富的文化内涵。谷雨，谷得雨而生也，雨在春天经历了自己的成长。

春朝大如年朝：立春

立春三候

东风解冻：东风吹来，开始融化冰雪。

蛰虫始振：蛰伏的动物开始苏醒。

鱼陟负冰：鱼儿开始游到水面，好像背着冰一样。

春冬移律吕，天地换星霜。冰泮游鱼跃，和风待柳芳。
早梅迎雨水，残雪怯朝阳。万物含新意，同欢圣日长。
——卢相公、元相公：咏立春正月节

一、立春一日，百草回芽

立春是二十四节气之首。每年公历 2 月 4 日前后，当太阳运行至黄经 315 度时，即交立春节气。《月令七十二候集解》云："立，建始也。五行之气，往者过，来者续于此，而春木之气始至，故谓之立也。"按这里的解释，立是开端之意，立春是五行之气之中春木之气到来的时间，所以它标志着春季的开端，也标志着五行之气又一个轮回的起始。中国人历来重视开端的象征意义，加上"一年之计在于春"，因此，立春不仅是一个节气，自汉代起，就兼具了节日的身份，后世更发展成为一个备受关注的重大节日，民间甚至有"新春大如年"或"春朝大如年朝"的说法。如果夏历某一年中没有立春日，通常被称为"瞎年"或"盲年"。

时间的脚步迈入小雪节气之后，开始"天地不通、闭塞成冬”，到了立春，则“天气下降，地气上腾，天地和同，草木萌动”。虽然此时中华大地大多数地方仍然天寒地冻，气象学意义上的春天尚未到达，但在中国人的观念中，春气已经来临。在春气的作用下，在人们的五官尚不能清晰地感受之处，世界正在悄悄地发生变化：风开始从东边吹过来，坚实的冻土开始松动，洞穴之中，冬眠的虫子似醒非醒地伸展了一下筋骨，冰面之下，鱼儿向上游动，而各种各样的植物，也开始萌动回芽了。

二、青郊迎气肇初阳：迎春

春夏秋冬，四时成岁，中国人最钟爱的季节是春。“春”是个会意字，甲骨文的“春”像是一幅画，上下为“屮”，是小草的形状，中间“日”，是带来温暖的太阳，右边为“屯”，是小草刚刚钻出地面的样子。太阳冉冉升起，小草从地下探出头，满含着生命的激情努力生长，这就是古人心目中的春天。朱自清说：“春天像刚落地的娃娃，从头到脚都是新的，它生长着。春天像小姑娘，花枝招展地笑着走着。春天像健壮的青年，有铁一般的胳膊和腰脚，领着我们向前去。”文学家笔下的春天延续了中国古人对于春的理解。历史时期，人们将许多美好的词汇赋予“春”和春天的事物，如将春称为青阳、发生、芳春、青春、阳春；将春风称为东风、阳风、暄风、柔风、惠风；将春天的景色称为媚景、和景 、韶景；将春天的节日称为华节、芳节、良节、嘉节、韶节、淑节等等；

从中均可见对春的理解和喜爱之情。对于春气的到来，人们格外抱着欢迎的态度。从《礼记·月令》的记载来看，春、夏、秋、冬到来之时，天子都要迎气，后世的一些王朝也确实有四时迎气之举，但唯有迎春气发展成为官民共享的盛大仪式，并出现诸多习俗活动，从这一点也可以看出人们对于春天的情有独钟。

根据《礼记·月令》记载，立春日官方要举行迎春礼，到东郊迎春。在举行迎春礼之前，要有包括天子斋戒在内的准备工作。迎春礼之后，自上而下都要“行庆施惠”，一方面在朝廷中赏赐公卿、诸侯、大夫等统治阶层的人员，另一方面宣布惠民政策，“下及兆民”。

东汉时期，从都城到地方，都要举行迎春礼。在都城，立春之日迎春于东郊，祭祀青帝句芒。车、旗、服饰都为青色，要唱《青阳》之歌，跳八佾舞《云翘》之舞。地方上同样举行迎春礼，这天，地方官员要举着青色的幡旗，去城东迎春。此前先让一个男孩穿着青色的衣服、戴着青色的头巾在野外等候，迎春的人员一到，男孩就走出来，大家对他进行礼拜，然后迎回。在这里，男孩就是春气的象征。

东汉时期，阴阳五行观念早已深入人心。迎春礼正是“顺天地四时，参以阴阳”的时宜之举，既具有标志冬春转换的象征性意义，同时也具有在由冬季向春季转化的关键节点上，通过人事的有意安排，促成时气顺利转换的现实意义。而人事的有意安排，体现在仪式的主体、时间、地点、祭祀对象、仪式用品的色彩、禁忌等诸多方面。春为少阳，五行属木，其色青，其帝青帝，其神句芒，位于东方，所谓“少阳者，东方。东，动也，阳气动物，于时为春”。基于“春”的这些属性，迎春礼在安排上就处处与其属性相吻合，比如一定到东郊迎春，以青色为主色，用男孩扮演春神；同时，禁止与其属性不合的人物，比如武官主刑杀之事，便不能参加迎春礼。在实际的生产实践中，春天是播种的季节，东汉时期还十分看重立春日在农业生产方面的提示意义，因此，在迎春礼中设置土牛、耕人，并且一直持续到标志春天结束的立夏日，目的即在于示耕劝农，不误农时。

东汉时期的迎春礼对后世产生了十分深远的影响，此后一直到清末民国时期，历朝历代都有盛大的迎春礼俗活动。[①]

在清朝，迎春礼作为官方礼仪，由中央政府制定并在全国范围内施行。关于直隶省的迎春礼，规定如下：

先立春日，各府州县于东郊造芒神、土牛。春在十二月望后，芒神执策当牛肩；在正月朔后，当牛腹；在正月望后，当牛膝，示民农事早晚。届立春日，吏设案于芒神、春牛前，陈香烛果酒之属，案前布拜席。通赞执事者于席左右立。府州县正官率在城文官丞史以下朝服毕，诣东郊。立春时至，通赞赞：行礼。……众随

① 民国时期，官方迎春礼迅速消失。1941 年 12 月国民政府规定每年立春日为全国的农民节，并公布自 1942 年起在全国施行。届时，会召开由各界代表和农民代表参加的会议，以表彰作出一定贡献的“模范农民”。

行礼，兴，乃抬芒神、土牛，鼓乐前导，各官后从，迎入城，置于公所，各退。

由于中央政府对于迎春礼仪做了统一规定，所以各地的迎春礼举行时间以及仪式有类似之处，但在具体实践中，也呈现出不同的风貌。据民国二十三年（1934）江苏《阜宁县新志》载，“立春”前一日，知县要率令县尉、医学、阴阳学、僧会司、通会司等各种官吏，到东郊社稷坛去，坛门处专门有人扮演春官，看到知县一行来到，就叫春官出来，官员行迎春礼，之后即在楼中设宴欢饮。宴饮结束，就抬着芒神像和春牛“喧游街衢”，届时有几个杂乐工高唱歌词，叫“说春”，沿路人们手里都拿着春花。迎春队伍入观海门，出靖淮门，从迎熏门回到县衙，将芒神像和春牛安放好，等到次日交春时节由知县鞭春。

鞭春，也叫“打春”，兴起于隋唐时期，是迎春礼中的一个重要环节，通常在立春时刻或立春日早晨举行。届时，所有的官员都身穿朝服，由最高行政长官带领，祭拜芒神、土牛，然后以彩杖鞭打土牛。鞭打土牛时，往往还有一些颂词，比如打第一鞭时唱“一鞭风调雨顺”，打第二鞭时唱“二鞭国泰民安”，打第三鞭时唱“天子万年春”；也有唱“一打风调雨顺，二打国泰民安，三打大人连升三级，四打四季平安，五打五谷丰登，六打合属官民人等一体鞭春”的，总之都是些吉祥话语，反映了人们的美好诉求，旨在新春来到之时讨些彩头，期盼六合同春，万事大吉。

迎春礼虽然是官方主导的活动，但民间历来都积极参与。当迎春游行队伍中经过时，围观的人们可以往春牛或芒神身上抛撒豆粒或者稻米，据说可以“祈丰年”“散痘疫”。还有的地方有摸土牛、钻土牛等习俗，或者将豆粒染成五颜六色装进袋子里，挂到土牛角上，祈求儿童不长牛痘。

官吏鞭春后，春牛被打碎，老百姓可以抢取牛土、牛纸，叫做“抢春”。俗信这些牛土、牛纸有神奇功能，比如将牛土放在牲口圈处，可使六畜兴旺，放在床下面能令蚕茧丰收，放在锅灶处可以不生虫蚁，等等。有些地方，制作春牛时会在牛腹中预置些食品，如胡桃、柿饼、栗、枣、花生之类，鞭后散落在地，大家争相抢食，也有吉祥的寓意。还有一些人会制作小型的土牛、芒神，吹吹打打地送给乡里有名望、家境好的人家，换取新春钱，叫作“送春”。

此外，在迎春礼俗活动中，演剧以及其他娱乐活动十分活跃，其中都有民众参与的身影。在杭州，负责组织的官员提前“督委坊甲，整办什物，选集优人、戏子、小妓，装扮社伙，如昭君出塞、学士登瀛、张仙打弹、西施采莲之类，种种变态，竞巧争华，教习数日，谓之‘演春’”。到了立春日，“郡守率僚属往迎，前列社伙，殿以春牛，士女纵观，阗塞市街”。在河南信阳，市民为鱼龙角抵高跷诸戏，远近纵观；在甘肃灵台，立春前一日，有“社火过堂”之俗，“官令招集各里、各甲杂业人等，名为七十二行，各按职业分穿朱衣玄裳，妆成故事，会聚县署大堂点验”。

“青郊迎气肇初阳”自东汉以来，迎春一直是官民共建共享的重要礼俗活动，这一活动以及相关的其他活动，都增加了立春日的人文色彩，丰富了立春日的文化内涵，使其在一定意义上成为中国的狂欢节，并成为沟通官民关系的重要纽带和桥梁。目前这一礼俗已几近消亡，但浙江遂昌的“班春劝农”活动和河南内乡县衙的打春牛民俗活动，还在一定程度上保留着这一礼俗的文化内涵，二者均已成为人类非遗项目“二十四节气——中国人通过观察太阳周年运动而形成的时间知识体系及其实践”的重要组成部分。

值得注意的是，除了参与官方主办的迎春礼，民间往往还形成特有的“接春”习俗，比如在福建浦城，立春日，家家在房檐前设下香案，并摆设蔬菜、青草和茶酒、果品等，叫做“接春”。在浙江衢州也有类似的活动，同样作为人类非遗项目“二十四节气——中国人通过观察太阳周年运动而形成的时间知识体系及其实践”重要组成的“九华立春祭”，就有专门的接春仪式。[①]

---

① 九华立春祭是指立春前后以九华乡妙源村梧桐祖殿及其附近区域为主要空间的系列活动，包括开中门接春、取春泥、接春水、种春苗、撒春泥、浇春水、祭春神等。关于九华立春祭的来历，民间有一个传说：九华山主峰上多梧桐树，被春神句芒看上了，居住下来，此后，山上的梧桐树和其他树木都长得更加旺盛。村民感恩，便在山上盖起一座庙宇，用一根巨大的梧桐树根雕了一个神像供起来，称为“梧桐老佛”。有一年山洪暴发，庙宇和神像都被冲下山来，春神被冲到山底的庙源溪中，就不肯再走，于是妙源村民又修起梧桐祖殿，将其重新供奉起来，每到立春这天，全体村民聚在一起，举行祭祀礼仪，立春祭就世世代代传承下来了。

三、青蒿黄韭试春盘：咬春

中国传统节日的一大特点是重视节日饮食活动，每个节日都形成了特定的饮食习俗。这些饮食不仅讲究味道，更讲究意义。因此节日饮食是吃吃喝喝，但不是简单的吃吃喝喝。这同样适用于立春节日。与立春时间特性相吻合，立春的饮食往往与“春”“新”“生”“阳”相联系，如山西《阳城县志》所载：“民间茹萝卜、面饼即荐辛，取春生之意也。”萝卜、生菜、春卷、春盘是立春节的重要食品。

萝卜，营养价值丰富，食用方法多样，著名医学家李时珍对萝卜十分看重，他说：“其根有红白二色，其状有长圆二类，大抵生沙壤者脆而甘，生瘠地者坚而辣，根叶皆可生可熟，可菹可酱，可豉可醋，可糖可腊，可饭，乃蔬菜中之最有利益者。”立春吃萝卜，俗称为“咬春”“嚼春”等。吃萝卜，可以整个食用，也可以切片或切丝。在山东临沂，立春这天人人手拿一个生萝卜，待立春时刻一到，就不约而同地咬下去。天津的妇女多吃紫萝卜，并称之为“子孙萝卜”。在黑龙江、贵州、北京等地，人们也生吃萝卜，认为有消除睡意之功效。俗话说“春困秋乏”，在春天来临之际，吃萝卜以消除睡意，真有点未雨绸缪的意思了。

立春吃生菜是汉代就有的习俗，崔寔《四民月令》中记载：“凡立春日，食生菜，不过多取迎新之意而已，及进浆粥，以导和气。”除了生菜，人们也吃其他蔬菜，苏轼有诗云“渐觉东风料峭寒，青蒿黄韭试春盘”，句中的青蒿、黄韭，应当也是立春日经常食用的“春菜”。它们调制在一起，便有了“春盘”的美名。在不同地方，春盘可以由多种食材组成，河北《新河县志》载：“立春日，以红、白萝卜切作细丝，和以五辛，谓之春盘。”春盘因为多用葱、蒜、椒、姜、芥等五种带有辣味的调味品调成，故有时也称作“五辛盘”。而“辛”物既谐音“新”，又有助于阳气的生发，实在是很适于立春时节食。古人重视立春，在春盘制作上颇费心思，大有在碗碟之间营造春天的匠心，元好问有《春日》诗云：“里社春盘巧欲争，裁红晕碧助春情。”

春饼也是立春的应节令品，春饼是用面粉摊成的十分单薄的饼，有的地方用饼裹肉菜而食，也称春卷。①

习俗重视立春日饮食的共享，啖春饼，吃萝卜，饮酒庆新春，曾经是一种十分普遍的做法，明代立春日在午门处赐百官春饼，是皇帝与百官共享的明证。过去在江苏吴县，官府于大堂饮春酒，一般的人员也都互相庆贺，叫做“拜春”。民间也是如此，如在河南汝南，“设春宴，啖春饼，亲长族党交相称贺”。在一些地方，还有立春日接新婚女儿回娘家咬春的习俗。而在云南一些地方，会用春盘祭祖，这便是生者与逝者的共享了。

---

① 在陕西凤翔，民间有“春饼薄，人情更薄”的俗语，可见春饼已深入生活。当地吃春饼没有多少菜，而是将芥末、蒜泥、辣子、生姜、韭菜沫子等放在一起，合一盘“汤汤”，称为五辛汤汤，用春饼蘸着吃。

四、彩燕迎春入鬓飞：服饰

立春日，人们常常要佩戴一些饰物，如春花、春鸡、春燕、春蛾等，这些通常都有悠久的历史。

春燕，也叫彩燕、缕燕。燕子作为冬去春来的候时之鸟，是春天象征，在中国传统文化中又具有特别的文化内涵。传说商朝的始祖契就是他的母亲简狄吃了燕子的卵后孕育生下的，所以《诗经·商颂·玄鸟》云："天命玄鸟，降而生商。"南北朝时已有"立春之日，悉剪彩为燕以戴之"的做法。唐宋时期，簪戴彩燕更为流行。"彩燕迎春入鬓飞"，当真正的燕子还在返程的路上，剪彩而成的燕子已在美丽人们的妆容。也有人戴春蛾和各种草虫。大家还互相馈赠，以祝新春之禧。过去河南郑县地方志记载："民间妇女亦以春幡、春笺镂金簇彩为燕蝶之属问遗亲戚，垂之钗环。"只可惜这些习俗在今天已难得一见了。

鸡为阳鸟，兼具文、武、勇、仁、信五德，又与吉利的"吉"谐音，有着驱邪避凶、迎春祈吉的特殊功能，故而成为节日中的重要物品，许多传统节日都有鸡的身影，戴春鸡则是立春日常见的活动。宋人万俟咏《临江仙》词"彩鸡缕燕已惊春，玉梅飞上苑，金柳动天津"描绘的立春日情景，即包括戴春鸡。如今在山东一些地方，仍然保留着给儿童"戴春鸡"的习俗。春鸡的做法是，用花布裹棉花，形同菱角，一角尖端缀花椒仁作鸡的眼睛，另外一角缝几根和身体等长的花布条作尾巴。春公鸡要钉在儿童的左衣袖上。有些春公鸡的嘴里还要叼一串豆粒，以鸡吃豆寓意孩子不生天花、麻疹等疾病。在河南项城，也剪彩作春鸡，多戴头上或袖上。在山西灵石，立春用绢作成小孩形状，俗名春娃，也多给儿童佩戴。

立春日除了佩戴特定的饰物外，还有一些装饰。比如过去在陕西宜川，这天早晨，民间多有人在纸上写“立新春鸿禧”或“立新春大吉大利，万事亨通”等字样，表示庆祝新春的含义。有些人不会写字，便画一个“十”字来代替。也有人直接在门上用红土写“宜春”等字（2017年笔者曾在韩国首尔一户人家的大门上看到红纸墨书的“宜春”贴）。又如广西上林，人们将春鞭、春花插于门上，叫做“散春”。在湖北应城，做生意之家门口都插有竹枝，以取“节节高”之相。在湖南蓝山，人们摘菘菜叶悬挂在门上，亦有插冬青树枝的，以装点春色。在陕西宜川、高陵一带，甚至用朱红点牛角，对牛也用心装饰一下。

五、春阴百日阴，春晴百日晴：占春

立春这天，可依照一定的事物来占验全年的天气、收成或吉凶，叫作占春。占春主要有三种类型，一是根据芒神、春牛的色彩及二者的位置关系占验；一是根据立春日与春节的关系占验；一是根据立春日的天气状况占验。我国一些地方还有在立春前后说春的习俗。比如在贵州石阡县花桥镇坡背村，每年“立春”前十日，春官就执木刻春牛，穿着古代衣服，到镇远、施秉、天柱、八拱（三穗）、剑河等地的村寨，挨家挨户唱诵吉祥春词，开财门，并发送印制的“二十四节气”春帖。

（一）根据芒神、春牛的色彩及二者的位置关系占验

迎春时芒神的穿戴、土牛或牛纸的色彩以及二者的相对位置预示着本年的气候状况和吉凶祸福。这一做法在全国范围内都十分流行。在辽宁义县，立春前一日，地方官都到东郊迎春，并在天齐庙搭设彩棚，左供芒神、春牛像，按岁、月、日、时的干支来确定芒神的服饰以及春牛头身的颜色，农民则通过这些颜色占卜当年的旱涝疾疫。在广东海丰，芒神叫做“拗春童”，如果不戴帽，就意味春天寒冷；如果戴帽，就意味春天天暖。土牛的颜色则可据以占雨水多少，色黑多雨，色红少雨。民国十九年（1930）《崇明县志》也载当地：“出土牛，缀五色纸。观者争扪牛体占福利，辨纸色卜丰歉。”具体而言，牛头黄主熟，又主菜、麦大熟；青主瘟，赤主旱，黑主水，白主风多。在湖北孝感，俗以牛颜色占岁之丰歉、水旱：黄主谷，黑主水，红主旱，白主兵。此外又根据芒神与春牛所立前后位置判断农事的忙闲；或者看芒神是否穿鞋，若穿鞋则意味着忙，若提鞋就意味着闲。

（二）根据立春日与春节的关系占验

立春日与春节的关系有春节前、重合、春节后三种。通常说来，人们认为春节当天立春是件非常吉利的事情，所谓“百年难遇岁朝春”。由于夏历是阴阳合历，所以有夏历一年中有两个立春日的情况，也有没有立春日的情况，一般认为前

者也主吉利，如吉林《磐石县乡土志》所说："一年打两春，黄土变成金。"在河北、河南则认为牲畜会涨价，所谓："一年打两春，黄牛贵似金。"一些地方则认为一年两春主气候温暖，浙江云和县有谚："两春夹一冬，无被暖烘烘。"

（三）根据立春日的天气状况占验

在台湾苗栗，有以立春日天气占验天气的做法，谚云："立春落雨透清明。"意思是立春之日天气晴朗，则风调雨顺；否则，就会阴雨连绵，一直持续到清明才罢休。在广东从化，有谚云："春阴百日阴，春晴百日晴。"又说："春寒春暖，春暖春寒。"在江苏，俗以为立春宜晴暖，有"春寒多雨水，春暖百花香"的说法。在山东宁津，立春日若下雪主夏秋干旱，刮西北风主米贵，刮东南风主旱。

我国多数地方立春喜晴。如湖南常宁有谚："若得立春晴一日，农夫少用耕田力。"山东、陕西等地也普遍认为立春日天晴好，诸事皆吉。

东风解冻，散而为雨：雨水

雨水三候

獭祭鱼：水獭捕捉到鱼后将其鱼陈列在水边，如同陈列供品祭祀。

候雁北：大雁从南方飞回来。

草木萌动：小草树木开始发芽。

雨水洗春容，平田已见龙。祭鱼盈浦屿，归雁廻山峰。
云色轻还重，风光淡又浓。向春入二月，花色影重重。
——卢相公、元相公：咏雨水正月中

一、好雨知时节，当春乃发生

雨水是二十四节气中的第二个节气，每年公历 2 月 18 日 -20 日当太阳运行到黄经 330 度时，即交雨水节气。与谷雨、小雪、大雪一样，雨水也是反映降水现象的节气。《月令七十二候集解》云：“正月中，天一生水。春始属木，然生木者必水也，故立春后继之雨水。且东风既解冻，则散而为雨矣。”这里从两方面解释雨水节气的得名。其一，用五行观念将雨水与它所在的季节——春天相结合，认为在五行中春天属木，而木生水，立春意味着春天到来，所以将立春之后的节气命名为雨水。其二是从气候方面加以解释，随着东风吹来，温度升高，于是由冻而融，降水也便由雪化为雨了。

《释名》云:“雨，水从云下也。雨者，辅也，言辅时生养。”雨水是人类生活中最重要的淡水资源，植物也要靠雨露的滋润才能够茁壮成长。对于人类而言，雨水不可或缺。农谚中有“水是庄稼血，肥是庄稼粮”“水是金汤玉浆，灌满粮囤谷仓”等说法，都反映了水的重要性。久旱不雨，旱魃肆虐，无疑是一种巨大的自然灾害。不过话又说回来，如果雨久下不停，以至“鼋鼍游于门阏，蛙虾嬉乎中庭”，也是人类的灾难。只有应时节而降的适量的雨，才称得上真正的好雨。

然则雨水不时又是常见的现象，因此围绕着天旱祈下雨以及久雨祈天晴，在不同的历史时期不同的地方就形成了诸多民俗和故事。比如挂扫晴娘就是流行于北京、陕西、河南、河北、甘肃、江苏等地的传统民俗。当久雨不止，人们就会用红纸或绿纸剪一个手持笤帚的女子形象挂起来，希望她能扫除天上的乌云，雨过天晴。当天下大旱时，又有许多祈雨的办法，比如掏阳水沟，晒龙王像，或者让寡妇顶着筛子哭等等，不一而足。在古人看来，雨水的多寡和最高统治者的道德品性以及治理天下的成效关系密切，比如董仲舒就曾说："太平之时，雨不破块，津润枝叶而已。"因此，最高统治者对于降雨负有重要责任，而皇帝带头祈雨的事迹也是史不绝书。比如洪武二年三月，明太祖就亲自告祭风云雷雨、岳镇海渎、山川城隍、旗纛诸神。三年六月，又因久旱不雨亲诣山川坛，而且要求皇后、妃嫔亲自下厨做"昔日农夫之食"，让太子和诸王在斋戒的地方食用。

春天是万物生长的季节，也是格外需要雨水的季节，但我国许多地方偏偏此时易旱。所以人们时常用"春雨贵如油"来形容它的稀少和珍贵。将立春之后的节气命名为雨水，除了上面《月令七十二集解》提到的两种原因之外，更包含着人们对雨水的热切呼唤！

俗话说"春打六九头"，立春节气的到来拉开了春天的序幕，只是依然春寒料峭，春色难觅。"七九河开，八九雁来"，雨水节气始于七九，此时，河里的冰相继融化，水开始流动，风也不再是刺骨的寒冷，大雁北归，草木萌动，人们对春天的感觉逐渐清晰起来。“好雨知时节，当春乃发生。随风潜入夜，润物细无声。”当一场细雨无声无息地飘落，唤醒了大地的梦，草青了，柳绿了，花儿含苞待放了，大地五彩缤纷，欣欣向荣，春天的气息仿佛在一瞬间变得浓厚起来了……

雨是春天的诗。春天的雨勾起诗人的情丝，雨给人带来无限欣喜，“天街小雨润如酥，草色遥看近却无”“小楼一夜听春雨，深巷明朝卖杏花”“沾衣欲湿杏花雨，吹面不寒杨柳风”，无论是韩愈《早春呈水部张十八员外》，还是陆游的《临安春雨初霁》，亦或志南《绝句·古木阴中系短篷》，都让人感觉到春雨的轻柔与可人。

但雨也让诗人哀愁。“自在飞花轻似梦，无边丝雨细如愁”，秦观的《浣溪沙·漠漠轻寒上小楼》将雨丝比作愁丝。“风淅淅，雨纤纤。难怪春愁细细添”，纳兰性德的《赤枣子·风淅淅》直接将风雨视为愁的来源。尤其是当雨疏风骤，“林花谢了春红”，更让人生出“太匆匆，无奈朝来寒雨，晚来风”的无限感慨和愁思。对韶华易逝的感叹，其实是诗人生命意识的觉醒，难怪唐寅在一首词里就吟咏道：“雨打梨花深闭门，忘了青春，误了青春。”

二、雨水有雨庄稼好，大麦小麦一片宝

“一日之计在于晨，一年之计在于春。”要想获得秋天好收成，就要春天早打算，适时播种，辛勤劳动，不误农时。

所以一旦立春、雨水节气到来，人们就要改变冬天的作息时间，调整为“早起少睡觉”了。在我国南方，此时牲畜要开始派上用场，如果出了问题，对于农业生产会造成较大影响，所以有谚语说：“雨水节前死了牛，好比利刀插心头。”

“雨水春雨贵如油，顶凌耙耘防墒流，多积肥料多打粮，精选良种夺丰收。”这首农谚非常形象地说明了雨水时节应为农事所做的准备。而雨水有雨，一般认为是吉利之事，正所谓“雨水有雨庄稼好，大春小春一片宝。”流传在江苏一带的农谚“雨水有水年成好，雨水无水收成少”说的也是这个道理。

人们也经常用雨水时节的气候、降水、刮风情况进行一些预测，比如湖南地区有句谚语“雨水落雨三大碗，小河大河都要满”，是根据雨水节气里的降雨情况判断未来的降雨情况，如果雨水节气里降雨，那么今后的雨就会很多，以至小河大河都会满。“雨水阴，夏至晴”也是类似的谚语，意思是如果雨水日阴天，就会一直阴天，直到夏至才会放晴。“雨水无雨二月暖”是根据雨水节气的降水状况预测夏历二月的气温高低。“雨水东风起，伏天必有雨”是根据雨水日的刮风情况来预测伏天的降水情况。“冷雨水，暖惊蛰；暖雨水，冷惊蛰”，则是通过雨水节气的气温高低判断惊蛰节气的气温高低，意思是雨水日天气寒凉，到了惊蛰天气就会变暖；雨水日天气暖和，到了惊蛰还可能会降温。这些长期在实践中总结出来的经验，对于日常生产生活都具有一定的指导意义。

雨水也是养生的关键时节。此时天气变化无常，忽冷忽热，忽雪忽晴，湿气一般夹“寒”而来，因此雨水前后必须注意保暖，预防“倒春寒”，切勿受凉。尤其注意保护好头颈和双脚，不要过早减少棉衣物。起居方面也要顺应自然，早睡早起，适当增加室外活动，多喝水，并适当食用辛甘发散之物，如葱、韭菜、萝卜等，同时少食生冷之物，以顾护脾胃阳气。“雨水节气宜吃甜”，北京有一种食品叫望春蜜饼，以蜂蜜柚子为馅，外皮酥松，香甜可口。蜂蜜可以补中益气、润肠通便，柚子则有止咳平喘、健脾消食的养生功效，正适合雨水时节享用。今天一些老字号每到雨水节气就会供应市场，用一种甜蜜温暖的方式为顾客抵御“春寒”。

春雷响，百虫出：惊蛰

惊蛰三候

桃始华：桃花开始绽放。

仓庚鸣：黄莺鸣叫。

鹰化为鸠：老鹰飞走，斑鸠飞来[①]。

---

① 鸠，郑玄注《月令》时认为是“搏谷”，即杜鹃，而段玉裁注《说文解字》时认为是“五鸠”，即斑鸠类。杜鹃、斑鸠和鹰都是迁徙类动物，它们都与小型鹰有着相似的外表。古人在不同节气看到相似外表的鸟类，还没有意识到是迁徙的结果，以为是互相转化。冬日飞往南方的鹰成了春日飞回北方的斑鸠，便是惊蛰前后看到的“鹰化为鸠”。

阳气初惊蛰，韶光大地周。桃花开蜀锦，鹰老化春鸠。
时候争催迫，萌芽矢矩修。人间务生事，耕种满田畴。
——卢相公、元相公：咏惊蛰二月节

每年公历 3 月 5 日前后，当太阳运行至黄经 345 度时，是为惊蛰。在万物萌动之际，人们终于迎来了仲春时节。“惊”为惊动，“蛰”为蛰虫，《月令七十二候集解》曰：“二月节，万物出乎震，震为雷，故曰惊蛰，是蛰虫惊而出走矣。”惊蛰之前，动物冬藏伏土、不饮不食，一旦到了惊蛰时节，雷声惊醒蛰伏的动物，大地回暖、草木返青。从生机勃勃的春天起，人们开始了一年的忙碌。

惊蛰在历史上曾被称为“启蛰”，为正月节气，顺序在雨水前，《夏小正》载：“正月启蛰，言始发蛰也。”后因汉景帝名启，为了避讳而将“启”改为“惊”字，在节气中的顺序也发生了变化，从立春——启蛰——雨水转变为立春——雨水——惊蛰，也就成了现在固定的二十四节气的顺序。

一、一雷惊蛰始：农事

惊蛰与雷声相关，因为人们听到雷声就知道春天已经来临了。惊蛰首先是一个跟农业有着紧密联系的节气，在农忙上有着非常重要的意义，通常被视为春耕开始的日子，唐诗人韦应物在《观田家》中曾说：“微雨众卉新，一雷惊蛰始。

田家几日闲，耕种从此起。”

节气来到惊蛰，大地回暖、草木返青、麦苗拔节、毛桃爆芽，蛰虫们也都苏醒，我国的大部分地区进入春耕季节。农谚有“过了惊蛰节，春耕不能歇”“九尽杨花开，农活一齐来”“到了惊蛰节，锄头不停歇”等说法，表明惊蛰节气是农人们忙碌的时节。

在农耕地区，第一声春雷什么时候打响在人们眼里是很重要的，因为可以推测未来天气和收成情况。比如，有农谚道：“雷打惊蛰前，四十九天不见天”“未到惊蛰雷先鸣，必有四十五天阴”，这两句谚语都是说，如果在惊蛰前打雷，这一年的雨水就特别多，容易产生低温阴雨天气，对农耕不利。但是到了山区，情况自然与平原不同，雨水虽然很多，农田比较容易排水，所以人们会说“雷打惊蛰前，高山好种田”。如果雷在惊蛰当天响起，是很好的预兆，人们常言“惊蛰闻雷米如泥”“惊蛰雷鸣，成堆谷米”，就是说如果这天打雷，农田里面不管种的是什么都会大丰收。

“春雷惊百虫”，惊蛰的雷声也会惊醒蛰虫，温暖的气候容易致使多种病虫害发生，所以人们常常在惊蛰时节进行驱赶虫蚁的活动。孙思邈《千金月令》曰：“惊蛰日，取石灰糁门限外，可绝虫蚁。”一般认为，石灰具有杀虫的功效，惊蛰这天把石灰洒在门槛外，虫蚁一年之内都不敢上门。胡朴安《中华全国风俗志》里记载广东大埔有“炒惊蛰”的习俗，每年惊蛰日晚间，家家户户取黄豆或麦子，放在锅中乱炒，炒后再舂，舂后又炒，炒时口中还念道：“炒炒炒，炒去黄蚁爪；舂舂舂，舂死黄蚁公。”反复十余次才停止。究其原因是在大埔这个地方，有一种小小的黄蚁，喜欢蜂聚一起食用人们所藏的糖果等食物。据当地人说，如果惊蛰这晚炒了豆麦等物，黄蚁就可以除去。类似习俗在很多地方都有流传：山东部分地区，惊蛰当天人们会在庭院之中生火炉烙煎饼，用烟熏火燎的方式杀灭虫蚁；江西部分地区，惊蛰日农人会将谷种、豆种及各种蔬菜种子放入锅中干炒，谓之“炒虫”，可保五谷丰收，不受虫害；陕西部分地区，人们将用盐水浸泡后的黄豆放在锅中爆炒，可以发出噼噼啪啪的声音，寓意虫子在锅中受热煎熬；浙江宁波地区，农家视惊蛰为“扫虫节”，人们会拿着扫帚到田里举行扫虫的仪式，预示着将一切害虫都扫干净；湖北土家族民间有“射虫日”，惊蛰前后在田地里画出弓箭的形状以模拟射虫的仪式。

当然，跟着虫蚁一起惊醒的还有鸟雀等同样啄食庄稼的小动物们，人们认为在惊蛰这天做个驱赶的仪式也有助于年后的收成。所以，云南部分地区有咒骂鸟雀的习俗，人们来到自家田间边走边敲鼓边唱咒雀词：“金嘴雀，银嘴雀，我今朝来咒过，吃着我的稻谷子烂嘴壳。”认为这样做的话直至稻子成熟，鸟雀都不敢来啄食庄稼。

万物逢春，一切虫蚁鸟雀以及恶毒妖邪，都被雷惊醒，复活出土，可能危害人间，所以非打不可。在广东和香港地区，人们认为惊蛰这天同时惊醒的还有像“白虎”和“小人”

这样的污秽与奸邪，所以此地有惊蛰日“祭白虎”和“打小人”的仪式。

“白虎星”本为天上星宿，相传为凶星，乃是非之神，遇之不吉。民间传说白虎星君每年都会在惊蛰当天出来觅食，如果遇上它，一年之内会遭小人兴风作浪，百般不顺，人们便在惊蛰日祭白虎：用纸绘制白老虎像，以猪血喂之，使其吃饱后不再出口伤人，然后再用生的猪肉抹在纸老虎的嘴上，让它也不能张口说人是非。

“小人”是指那些喜欢挑拨离间、惹是生非的人，也可指代无缘无故惹来的是非或噩运，而通过惊蛰日“打小人”的仪式，可以消灾解困、化险为夷。于是这天，人们会利用各种象征物，如鞋、香枝或香烟等殴打小人纸像，口里还常会念一些咒语：“打你个小人头，打到你有气无得透；打你只小人手，打到你有眼都唔识偷”“打过小人行好运”等。[①]

除了要驱赶因为春天而生出的各种邪祟，有的地方人们也会在这天祭祀雷神，祈求一年的生活顺顺利利。

《周礼·韗人》篇说：“凡冒鼓，必以启蛰之日。”在传统社会，雷神的形象是不断演变的。最初人们认为它是人头龙身的怪物，敲打它的肚子就发出雷声，《山海经·海内东经》有曰：“雷泽中有雷神，龙身人头，鼓其腹则雷。”

---

① 李碧华《惊蛰》里讲述了惊蛰日（亦称白虎日）以“打小人”谋生的拾荒妇朱婆婆接到了一桩不“平常”的买卖，以致生不如死的故事。善有善报、恶有恶报，但愿每一个“小人”都要为自己平素的所作所为付出相应的代价。

惊蛰这天，人们认为有雷神在天庭敲击天鼓，于是民间也利用这个时间蒙鼓皮，以顺应天时。后来，为了祈求风调雨顺，家家户户都会贴上雷神的画像，摆上供品祭祀，或者直接去庙里烧香祭拜。

在客家人的心中，雷神地位崇高，有俗谚云：“天上雷公，地下舅公。”说的就是天上的雷神和人间的舅父的重要地位和作用。客家地区虽然很难找到专门的雷神庙，各种庙观里却几乎都供奉着雷神。客家人会在惊蛰这天专门祭祀雷公，以祈求当年风调雨顺、人畜平安。此外，在我国的壮族中也流行“天上最大是雷公，地下最大是舅公”的俗谚，因为在壮族传统的婚姻缔结过程中，舅父权力很大，甚至起决定性作用。除此之外，壮族还有雷公禁婚的习俗。人们普遍认为：农历八月至新年二月是雷公关门睡大觉的日子，这个时间段里的人间社会是太平盛世，人们就应当选在这个期间筹办婚事。三月至七月，天上不时雷声轰隆，预示着雷公此时经常出门行事，所以禁止人间办婚事。如果有违反者，就要受雷公处罚，婚事会不顺当，家庭也会不幸福。因此，这段时间人们一般不相亲，不订婚，也不结婚。

二、开尽夭桃落尽梨：花事

惊蛰时节，春回大地，万物更新，草木始盛，最惹人喜爱的可能还是梨和桃，丘处机在《无俗念·灵虚宫梨花词》中曾写道“白锦无纹香烂漫，玉树琼葩堆雪”，雪白的梨花和粉红的桃花可以说是春天最有代表的风物景象。

开春时节，气温依然偏低且略干燥，应多吃生津润肺的食物，所以惊蛰当日民间有吃梨的习惯。梨在古代有着“百果之宗”的美誉。五代至北宋初年的徐铉写有一首求梨的诗，将梨形容为“白玉花繁曾缀处，黄金色嫩乍成时。冷侵肺腑醒偏早，香惹衣襟歇倍迟”，足见梨之可口。古人吃梨，不仅仅是为了享用这种汁多味美的果实，而且很注重梨良好的养生效果。梨性寒味甘，《本草纲目》说其能够“润肺凉心，清痰降火，解疮毒酒毒”，可令五脏和平，增强体质。所以，自唐开始，人们很喜欢蒸煮各类梨汤，用以清肺降火。如今，苏北及山西一带还流传有“惊蛰吃了梨，一年都精神”的民谚。传说清代雍正年间，晋商渠百川将要“走西口”时恰逢惊蛰之日，他的父亲拿出一个梨来让他吃下，并且嘱咐道：先祖贩梨，历经艰辛，创下基业。今日起，你要走西口，吃个梨为的是让你不忘先祖，努力奋斗，光宗耀祖。后来，渠百川经商致富，将开设的字号取名为“长源厚”，寓意源远流长、千秋厚业。走西口者纷纷仿效渠百川惊蛰日吃梨，有“离家”之意，亦有“努力”之愿。

桃花盛开是另一幅极具春天气息的时令画面。《吕氏春秋·仲春纪》有“仲春之月……桃李华”，《礼记·月令》也有“仲春之月……桃始华”。桃之夭夭，灼灼其华，惊蛰当月，桃花始开，以桃花入茶、酿酒皆可祛除病害，以养身体。《本草纲目》中记载“桃花味苦、性平、无毒”，入药可除水气，以茶饮之可使面色润泽。桃花晒干泡茶喝可以排毒，采新鲜桃花浸酒饮用可以使容颜红润，而将桃花捣烂取汁涂于脸部来回揉擦，对于黄褐斑、黑斑、面色晦暗等有较好的效果，也是古代养颜佳品。《随园诗话》里记载了一个关于桃花的有趣的故事，桃花潭士人汪伦邀请李白的信中云："此地有十里桃花，万家酒店。"李白看后欣然应邀，可到了桃花源里却看不见桃花酒店。李白十分困惑，汪伦解释："十里桃花是指十里处有桃花渡，万家酒店是说潭边有姓万的酒肆。"李白听罢，大笑不已。

古时，桃花还与美丽相关，除了养颜之外，也与女性的妆容有一定的联系。南朝梁简文帝《初桃》一诗中"悬疑红粉妆"的描写开启了以桃花比喻女性妆容的先河。随着时代与文化的发展，桃花与女性的关系愈益密切，隋朝便出现了"桃花面""桃花妆"命名的装束。这时兴起的桃花妆，后来成为唐朝年轻女子极为青睐的一种妆容，主要包括底妆、眉妆、腮红、唇妆等四步骤：打底妆即敷铅粉做出能让皮肤散发透亮自然的光泽；眉妆要将眉毛画的像细细弯弯的月亮形状，称"却月眉"；腮红，是画桃花妆最需要大肆铺张的地方，以纯正的桃红色在脸颊上大面积地打上腮红；画唇形时，要画的比原来的嘴唇还小一圈，俗称"樱桃小口"。

此外，春暖花开也是古代所认同的适宜男女结合的婚恋季节。《白虎通义》曰："嫁娶必以春者，春，天地交通，万物始生，阴阳交接之时也。”仲春之际开放的桃花就成了古人婚姻的信号之花，这也使桃花具有了两性结合的情爱色彩。南朝时期广为流传的汉代刘晨、阮肇入天台山采药遇仙女的故事在桃花的情爱色彩上又添了奇幻的成分：

洞口春红飞蔌蔌，仙子含愁黛眉绿。
阮郎何事不归来。
懒烧金，慵篆玉，流水桃花空断续。

桃花源还是美好的代名词，是以陶渊明为首的文人构建出的理想世界：“忽逢桃花林，夹岸数百步，中无杂树，芳草鲜美，落英缤纷。”这里没有仙女投怀送抱，没有仙桃长生不老，却隐匿着一个阡陌交通、鸡犬相闻、往来种作、怡然自乐的田园社会。

惊蛰时节，春雷炸响，万物萌生，是开始的讯号，也是忙碌的起点。对于期待并盼望着又一年风调雨顺的人们来说，春天是充满活力的，也是暗流涌动的，要取其善者、抑其恶者，小心翼翼地为着硕果累累的秋日筹备与奔忙。

南园春半踏青时：春分

春分三候

一候玄鸟至：燕子从南方飞回来

二候雷乃发声：雷开始发出声音

三候始电：开始出现闪电

二气莫交争，春分雨处行。雨来看电影，云过听雷声。

山色连天碧，林花向日明。梁间玄鸟语，欲似解人情。

——卢相公、元相公：咏春分二月中

一、吃了春分饭，一天长一线

每年公历3月20日前后，太阳位于黄经0度（春分点）时，即开始春分节气。春分是我国古代最早被确定的节气之一。《尚书·尧典》记有“日永”“日短”“日中”“宵中”四个节气名称，其中“日中”即是春分。春分又叫“日夜分”，含有“昼夜平分”的含义。这一天，太阳直射地球赤道，全球各地昼夜等长。春分过后，太阳直射点继续由赤道向北半球推移，北半球各地白天开始越来越长，夜晚越来越短，直到夏至白天长度达到极致。此外，春分也意味着至此春季就到一半了。《月令七十二候集解》云：“春分二月中，分者半也，此当九十日之半，故谓之分。”春季自立春日算起，至立夏日结束，约90天，春分日正处于春季中间。汉人董仲舒则从阴阳角度解释春分，他在《春秋繁露》中说：“至于中春之月，阳在正东，阴在正西，谓之春分。春分者，阴阳相半也，故昼夜均而寒暑平。”

春分时节，除了全年皆冬的高寒山区和北纬45°以北的地区外，全国各地日平均气温均稳定升到0℃以上，气温回升较快。华北地区杨柳青青，春色正浓，江南地区则降水迅速增多，已现出暮春景象。有不少谚语根据春分时节的降水状况以及温度高低来预测未来的天气和年景，如“春分有雨到清明，清明下雨无路行”“春分无雨到清明”“春分阴雨天，春季雨不歇”“春分日有雨，秋分日大水”“春分甲子雨绵绵，夏分甲子火烧天”，都是用降水状况预测未来的降水状况。“春分有雨是丰年”是根据春分降水来预测年景；“春分不暖，秋分不凉”“春分不冷清明冷”则是根据春分冷暖预测未来的冷暖。此外，春分的风也是重要的预测物，如“春分西风多阴雨”“春分刮大风，刮到四月中”“春分大风夏至雨”“春分南风，先雨后旱”“春分早报西南风，台风虫害有一宗”，都属此类。

“春分麦起身，一刻值千金。”随着天气转暖，温度升高，农忙季节也来到了。我国南朝宗懔《荆楚岁时记》中记载：“春分日，民并种戒火草于屋上。有鸟如乌，先鸡而鸣，‘架架格格’，民候此鸟则入田，以为候。”可见湖北湖南一带春分时节就要下田。湖北现在有谚语也说“春分有雨家家忙，先种瓜豆后插秧”。此外，春分也是植树造林的好时机，清代诗人宋琬《春日田家》中就有“夜半饭牛呼妇起，明朝种树是春分”的句子，农谚也说“二月惊蛰又春分，种树施肥耕地深”。

造酒、酿醋也是流行较为广泛的习俗。北京、天津、河北、山东、山西、浙江等地都有春分日造酒的做法。比如民国二年（1912）浙江《于潜县志》载：“春分造酒贮于瓮，过三伏糟粕自化，其色赤，味经久不坏，谓之春分酒”。过去安徽南陵一带还有“逐疫气”的做法，或叫“逐厌氛”“逐毛狗”“逐野猫”。即这天黄昏时分，乡村的儿童会争相敲击铜铁响器，声达村外。

“吃了春分饭，一天长一线。”我国不少地方都很讲究春分的这一饭。广东阳江一带的人们会在这天到山上采集百花叶，舂成粉末状，与米粉和一起作汤面食用，以为可解毒。广西则有吃春菜、喝春汤的做法。春菜即野苋菜，将新鲜野苋菜洗净切段，加鸡蛋或鱼片，做成“春汤”，民间有“春汤灌脏，洗涤肝肠，阖家老少，平安健康”的说法。湖南安仁则将增骨风、搜骨风、月风藤、黄花倒水莲、黄皮杜仲、龙骨神筋等多种草药与猪脚、黑豆等熬成浓汤，做成药膳食用，叫草药炖猪脚，不仅鲜香美味，而且祛寒除病，强身健体。

春天是“天地俱生，万物以荣”的季节，春分时节生机盎然，人们也应该因应天时，放松心情，多些户外活动。此外，这时也要格外注意睡眠，“夜卧早起”，以顺应春气。[①]

---

① 睡眠作为生命所必需的过程，是机体复原、整合和巩固记忆的重要环节，是健康不可缺少的组成部分，而失眠已经成为一个影响现代人健康的重要问题。为唤起全民对睡眠重要性的认识，国际精神卫生组织主办的全球睡眠和健康计划于 2001 年发起了一项全球性的活动——将每年的 3 月 21 日定为“世界睡眠日”。2003 年中国睡眠研究会将其正式引入中国。世界睡眠日与春分日基本吻合，反映了春分与睡眠的密切关系。

二、朝日、正权概：国家礼仪活动

（一）日坛朝日

天地日月祭祀是国家祭祀的重要内容。《礼记·祭法》提到应当祭祀的对象就说“日月星辰，民所瞻仰也”，理应祭祀。祭日叫朝日，通常在春分日祭于东门之外，祭月叫夕月，通常在秋分日祭于西门之外。据《五礼通考》“日言朝，则于日出之朝朝之也；月言夕，则于月出之夕夕之也。”祭日之所以叫朝日，是因为在春分日早晨祭拜的缘故，祭月之所以叫夕月，是因为在秋分日傍晚时分祭拜的缘故。祭日月是国家大典，清潘荣陛《帝京岁时纪胜》云：“春分祭日，秋分祭月，乃国之大典，士民不得擅祀。”[①]现存于北京的日坛，就是明清两朝春分祭日的场所。

在北京，早在金代便建有日坛。明迁都北京后，初期实行天地合祭，日月之祭只是作为祭祀天地的配祀，没有单独祭祀。嘉靖礼制改革后，实行四郊分祀，才建立朝日坛，即今天日坛的原型。

1530年建于朝阳门外的朝日坛，以方形祭坛为主体建

---

① 不过在北京，民间也有用太阳糕祀日的做法，很可能是受国家祭祀影响的结果，但时间不在春分日，而是每年的夏历二月初一。富察敦崇《燕京岁时记》载这一天，“市人以米面团成小饼，五枚一层，上贯以寸余小鸡，谓之‘太阳糕’，都人祭日者买而供之，三五具不等也。”又潘荣陛《帝京岁时纪胜》载：“京师于是日以江米为糕，上印金乌圆光，用以祀日，绕街偏巷，叫而卖之，曰太阳鸡糕。其祭神云马，题曰太阳星君。焚帛时，将新正各门户张贴之五色挂钱，摘而焚之，曰太阳钱粮。左安门内有太阳宫，都人结侣携觞，往游竟日。”

筑，坛面用红色琉璃砖砌成。清代日坛建筑风格和空间布局大致沿用明朝，同时又有幅度不等的修建。明清日坛祭祀，被列为国家中祀。祭祀时间为春分日卯时（5–7点）。根据史料记载，“甲丙戊庚壬年”，由皇帝亲祭，其余年份则派遣官员行礼。皇帝亲祭时，“乐用七奏，乐章曰曦，舞用八佾，牲用太牢，爵用陶。”祭祀所用祝版，“用赤质朱书”，其他仪式用品如玉、帛也都强调使用红色，皇帝祭服也用红色。从清朝祭日情况来看，几乎每年都由皇帝亲祭或遣官祭祀。据《清实录》记载，光绪三十年（1904），“甲寅，春分，朝日于东郊。上亲诣行礼。”这应该是清王朝最后一次皇帝祭日。

中华民国建立后，帝制时期的国家祭祀制度大多废除，祭祀场所多年失管失修，或转为他用，受到严重破坏。1951年，北京市人民政府将日坛辟为公园，并逐年修建了牡丹园、清晖亭、曲池胜春园、“祭日”壁画、义和雅居以及西南景区、画廊等景观。1995年，又修缮了马骏烈士墓，塑造了马骏半身铜像，建成了马骏烈士纪念室，从而成为朝阳区第一个有一定规模的爱国主义教育基地。

自2007年开始，由北京市朝阳区朝外街道文化服务中心主办的“春分·朝阳”民俗文化节在日坛公园举办，迄今已经连续举办13届。而在2012年的第六届“春分·朝阳”文化节上，较为完整地复原了清代日坛祭日典礼并进行了表演。

祭日典礼表演举行的地点在日坛，祭坛上摆放大明神位。

人数众多、声势浩大的卤簿仪仗在坛东门处候场，他们手持旗扇伞盖，缓缓步入坛内，巡展两圈后，于祭坛东侧站立。“皇帝”在赞引官恭导下步入坛门，陪祀官左右跟随。皇帝及陪祀官员在大明神位前行三跪九叩之礼。皇帝向太阳神（即“大明神”）上香并献玉帛。在初献、亚献、终献后，导迎乐起，卤簿仪仗、皇帝、陪祀官及乐队陆续退场。日坛祭日典礼表演结束。

此外，在长达一个小时的祭祀表演过程中，主持人解说祭祀音乐、祭祀器具、仪式内涵、日坛建筑用途以及祭拜者的分工等。祭日表演，除了复原明清国家典仪外，期间还穿插了一项现代仪式，即“太阳礼”。太阳礼的动作如下：

自然端正直立，双脚分开与肩同宽，两小臂与地面平行，象征着四海升平；右手握拳紧贴于胸，左手紧握，寓意把希望交给太阳；双手放于胸前以表达对太阳神的崇敬，祈盼太阳神保佑我们的祖国繁荣富强，国泰民安。

太阳礼是在主持人的引导下，由参加典礼的群众共同完成。这样的活动让参与其中的观众感受了一场“博大精深的中华礼乐文化”，有助于对传统社会国家祭日仪式有更多的认知和理解。

（二）同度量，正权概

春分节气所在的仲春二月，是传统社会校准度量衡的月份。《礼记·月令》载:“日夜分,则同度量,钧衡石,角斗甬,正权概。”度、量、衡、石、斗、甬、权、概,都是测长短、轻重的量器,事关国计民生,如果不能定期校正,则有失公允,贻害无穷。

那么为什么一定要选择“日夜分”的时节来校正呢?宋人卫湜这样解释:“形而上者谓之道,而阴阳之气运焉;形而下者谓之器,而阴阳之理寓焉。道则体乎天,器则用乎人。体乎天者,既适其中矣,用乎人者,可以失其中乎?此同度量之类所以必在乎日夜分之月也。”“人之所用当须平均,人君于昼夜分等之时而平正此当平之物”,是符合我国传统社会一贯追求的顺天应时这一文化精神的。《唐六典》载唐代的中尚署令要在“每年二月二日,进镂牙尺及木画紫檀尺”,就是对《月令》传统的遵循。

在唐代,皇帝还会赐尺给大臣。玄宗皇帝就曾赐尺给张九龄,张九龄则写状表达谢意。尺之用在度长短,与“数多少”的量、“示轻重”的衡同为日常生活必备之物。掌握着确定、校正度、量、衡的权力,就意味着掌握着治人治世的权力。人君将经过校正的尺子颁赐给大臣,其实是对治人治世权力的一种象征性分配,且含有对臣下要公平正当行使权力的期待。对此,唐玄宗在《答张九龄谢赐尺诗批》中有个简短但不乏深刻的表述:“尺之为数,阴阳象之。宰臣匠物,有以似之。卿等谋猷,非无法度。因之比兴,以喻乃心。尽力钧衡,深知雅意。”唐德宗时，通常在二月初一的中和节赏赐大臣尺子，裴度有诗《中和节诏赐公卿尺》，就与此有关，诗云：“阳和行庆赐，尺度及群公。荷宠承佳节，倾心立大中。短长思合制，远近贵攸同。共仰财成德，将酬分寸功。作程施有政，垂范播无穷。愿续南山寿，千春奉圣躬。”

三、慎终追远，感恩思报：祭祖扫墓

一般认为清明是春天祭祀扫墓的时间，事实上春天的祭祀扫墓通常在清明节前就已经开始，尤其为刚去世的人扫墓，更讲究要早，有“新坟不过社”[①]的说法。但在我国不少地方，尤其客家地区，春分日就开始扫墓祭祖，最迟清明要扫完。俗以为清明后墓门关闭，祖先英灵就受用不到了。

扫墓前通常先要在祠堂举行隆重的祭祖仪式，杀猪、宰羊，请鼓手吹奏，由礼生念祭文，带引行三献礼。扫墓时首先祭扫开基祖和远祖坟墓，全族和全村都要出动，规模很大，队伍往往达几百人甚至上千人。开基祖和远祖墓扫完之后，分房祭扫各房祖先坟墓，最后各家祭扫家庭私墓。

广东西部廉江乾案陈氏每年春分都有祭祀“大宗山”的活动，大宗山当是始祖“徐氏祖婆”之墓。祭祀时，整个山

① 社日是祭拜土地神和谷物神（即社稷神）的日子，一年有两个社日，即春社和秋社。社日的时间起初不确定，唐代以后相对固定，春社日在立春后第五个戊日，秋社日在立秋后第五个戊日。唐宋时期，社日是盛大的节日，唐代诗人王驾（或说张演）有《社日》诗云：“鹅湖山下稻粱肥，豚栅鸡栖半掩扉。桑柘影斜春社散，家家扶得醉人归。”但元明清以后，社日整体上衰落下去。

头都站满了人，“交分”之时（即正式进入春分节气的时候），在领祭人的带领下，用烧猪、甘蔗、墨鱼以及当地的水果等祭品上供，念祭文，行跪拜礼。祭过祖墓，再祭拜第二至第七世祖的坟墓，其他坟墓，则留在清明节时祭拜。

广东省茂名信宜市钱排镇钱上村的客家梁氏春祭，也始于春分日。届时，先在祖祠举行祭祖仪式。祭祀礼毕，人们抬上祭品，带上镰刀锄头，一路吹吹打打前往先祖坟地祭扫祖墓。到坟冢后，先将坟场四周杂草除净，把花纸（用雄鸡血淋过的“纸钱”）沿坟顶半圆放上一排，用石头压住，然后插好香、烛，摆上供品。之后在司仪人员的安排下，主祭人朝祖先叩首祭拜，读烧祭文、报告祭祖家庭成员情况。扫墓者站在“墓塘”祭拜。拜毕，鸣放鞭炮，焚烧纸钱，最后再向亡灵跪拜一次，称“辞神”。扫墓后，供品烧猪、鸡带回祖祠分割，所谓“太公分猪肉，人人有份”，各家领回分享。

2017 年 2 月 22 日广东梅州江夏文化研究会、黄氏石窟开基祖庭政公后裔联谊会联合发出《黄氏春分祭祖邀请函》，提出：“凡我黄氏庭政公裔孙，为了子孙后代之荣昌，无论天涯与海角，无论位高与澹泊，纵然千里迢迢，也诚邀飞度关山，共同祭祖，荣耀族宗，激励后昆！”根据该邀请函，“于二〇一七年三月二十日（农历二月二十三日）春分上午七时三十分开始，在蕉岭县文福镇储村岗石窟开基祖庭政公、二世日新公，及蕉岭各地的二世日昇公、三世文质、文焕、文宝公等列祖墓前举行扫墓祭祖活动，共商族事。”邀请函云：“羊有跪乳之恩，鸦有反哺之义！祭祖寻根，溯本求源，感恩图报，告慰先灵，是我们黄氏家族、我们庭政公裔孙传统家风、立世之本。为追思祖恩祖德，不忘祖宗创业之艰辛，弘扬先祖忠孝传家、修身立命、读书济世、开拓进取之精神，更好地凝聚宗亲力量。”很好地说明了春分祭祖的意义。

春分祭祖扫墓与清明祭祖扫墓一样，都是中华民族慎重追远、报本返始、感恩思报的具体体现。至于为什么要在春分时节做，有不同的解释。有的认为，春分之后人们要开始农忙，所以将祭祖大事先举办了，于农于祭均不耽误。有的认为这可能是“古代社会春分祭祀高禖活动的变迁与遗存”。高禖，即管理婚姻和生育之神。《礼记·月令》载：“仲春之月，……玄鸟至。至之日，以大牢祠于高禖。天子亲往，后妃帅九嫔御，乃礼天子所御，带以弓韣，授以弓矢，于高禖之前。”春分是“玄鸟”即燕子从南方飞回来的日子，“玄鸟感阳而至，其来主为孚乳蕃滋”“玄鸟至时，阴阳中，万物生”。燕子是主繁殖的鸟，所以古人很重视它到来的日子，并将祭祀高禖、祈求生育的活动放在这一天。而在此时祭祀祖宗，就有希望祖先保佑子孙繁荣、家族人丁兴旺的意蕴。

除了祭祀血缘祖先，春分还会祭祀其他神灵。比如湖南安仁就会祭祀神农[①]，并形成了“赶分社”的传统民间盛会。

① 相传炎帝神农氏带8名随从到安仁境内尝百草，治百病，教化百姓农耕。后人为纪念神农氏等9仙，就在豪山冷水石山处建了一庵，取名为“九龙庵”，

赶分社中的“分”即指春分，“社”则指春社。安仁赶分社会期一般 7 至 10 天，因时在春分、春社期间而得名，据说已有 1000 多年的历史。2014 年 11 月，农历二十四节气“安仁赶分社”经国务院批准列入第四批国家级非物质文化遗产代表性项目名录。2016 年二十四节气列入人类非物质文化遗产代表作名录，安仁赶分社是其中的重要组成部分。在长期的发展过程中，当地民众形成了祭神农、开药市、备农耕、吃药膳等习俗。安仁境内盛产各种草药，在赶分社前一个月，安仁县各地的中草药药农就会上山采摘药材。节日来临，当地及周边县市的人们都会自发地汇聚安仁，祭祀神农，买卖各种药材，形成大规模的药材市场。这里的药材十分丰富，品种齐全，有“药不到安仁不齐，药不到安仁不灵，郎中不到安仁不出名”的说法。

四、春分到，蛋儿俏：游戏娱乐

过去在我国不少地方，尤其是四川一带，春分日是休息日。彭山一带曾将春分日称作“长年节”，雇农（俗称长年）放假不下田。在雅安，这天乡农要举家休息，诸务停搁，不能到田畴、菜圃中去，否则以后会出现鸟啄虫蚀庄稼的现象。又在名山，这天禁忌颇多，不能从事生产活动，不能动土，不能动针，也不能扫地。因为不用干活，人们就有时间开展

将神农野炊过的地方取名为“香火堂”，洗过药的池叫“药湖”。

一些娱乐活动，所以这些地方多有酒食聚会之戏，出嫁的女儿则衣着光鲜地回娘家探访。在山东莘县，人们多放风筝娱乐。

“春分到，蛋儿俏”。人们经常举行立蛋比赛，看谁先将鸡蛋立起来。将鸡蛋立起来，重在找到平衡点，对于参与游戏的人而言，考验的则是耐心。有人认为春分时节，立蛋比较容易成功。个中原因有二，其一，这时候南北半球昼夜平分，呈 66.5 度倾斜的地球地轴与地球绕太阳公转的轨道平面处于一种力的相对平衡状态，同时地球的磁场也相对平衡，因此蛋的站立性最好。其二，这时候不冷不热，花红草绿，人们心情舒畅，动作敏捷，也易于竖蛋成功。不过，也有人说，鸡蛋在任何时候都可以立起来，与是不是春分没有必然联系。尽管如此，人们还是愿意选择在春分时节进行这一游戏。目前，随着二十四节气保护行动的开展，一些学校已将春分立蛋习俗引进课堂。除了比赛立蛋外，还在鸡蛋上进行彩绘，形成各种各样的图案，使其成为一项既好玩有趣又培养锻炼学生耐心、提升学生审美能力的游戏活动。春分·朝阳文化节上，也将竖蛋作为重要的习俗活动，主办方提前准备好鸡蛋和竖蛋的场所，供游客参与体验。此外，文化节还安排了射箭、投壶、踢花毽、滚铁环等其他活动，也给人们带来许多欢乐。

春分时节，桃红柳绿，油菜花黄，燕子呢哝，无边光景一时新，从冬日里走来人们总是迫不及待地走进春光，尽情享受春色的美好，所以踏青是此时颇受欢迎的游戏娱乐活动。“南园春半踏青时，风和闻马嘶。青梅如豆柳如眉，日长蝴蝶飞。”欧阳修的一阙《阮郎归》写出了春分踏青时的动人景象。不过，值得一提的是，由于春色太美而短暂，往往令人在欣赏美好的同时心生诸多惋惜与伤感，古人留下的不少诗词名句,都传达了这样看似矛盾却又合理的复杂情绪。同是欧阳修的，他的《踏莎行·雨霁风光》，在描绘了“千花百卉争明媚”“薜荔依墙，莓苔满地。青楼几处歌声丽”的繁华盛景后，转而一句“蓦然旧事上心来，无言敛皱眉山翠”，便将明媚的情绪立刻引入无限的伤感之中……

祭扫游春两相宜：清明

清明三候

桐始华：梧桐开始绽放。

田鼠化为鴽［rú］：田鼠变成了鴽鹑。

虹始见：彩虹开始出现。

清明来向晚，山渌正光华。杨柳先飞絮，梧桐续放花。

鴽声知化鼠，虹影指天涯。已识风云意，宁愁雨谷赊。

——卢相公、元相公：咏清明三月节

每年公历 4 月 5 日前后，当太阳到达黄经 15 度，人们就迎来了清明节气。《管子·幼官图》载：“十二清明，发禁。”《淮南子·天文训》云：“春分后十五日，斗指乙，则清明风至，音比仲吕。”根据古人的解释，之所以将春分后的这一节气称为“清明”，是由于“物至此时，皆以洁齐而清明”的缘故。这个时节，春回大地，天清气和，降水增多，桃花杏花争相开放，柳枝抽出嫩绿的枝芽，燕子也从南方飞回来，到处是春意勃发、生机盎然的动人景象。

清明不仅是一个节气，还是一个节日。有人甚至说，清明是唯一兼具节日身份的节气，这句话虽和事实不符，却很好揭示了清明的特殊性以及清明在人们心目中的重要性。

前面已经说过，清明发展成为节日是在唐代，是将寒食节习俗收归已有的结果。有一则广为流传的传说也反映了清明节与寒食节的密切关系。[①]

---

① 春秋时期，晋国发生动乱，公子重耳流亡在外，介子推等几位大臣陪同随行。他们一路跋涉山水，经历了千辛万苦。有一次，众人找不到东西吃，重耳饿得奄奄一息，介子推就偷偷从自己大腿上割下一块肉，煮给重耳吃，救了重耳一命。经过十九年的颠沛流离，重耳终于重返晋国，登上王位，就是赫赫有名的春秋五霸之一晋文公。晋文公对流亡期间跟随的诸大臣一一封赏，独独忘了介子推。后经人提醒才又想起，于是亲自带人到介子推的老家绵山探望。但介子推早已和母亲隐居山中。为了让介子推母子出山，晋文公下令放火烧山。大火烧了三天三夜，也不见介子推母子影踪。待火灭后，晋文公上山察看，发现二人已经烧死于一棵柳树之下。但见介子推身下压着一片衣襟，上面斑斑驳驳有几行血书：“柳下做鬼终不见，强似伴君作谏臣。割肉奉君尽丹心，但愿主公常清明。倘若主公心有我，忆我之时常自省。臣在九泉心无愧，勤政清明复清明。”晋文公看罢，又难过又悔恨，珍重地将这片衣襟放入袖中，并将这一天定为寒食节，通令全国不许动火，一律吃冷食。

第二年，文公带领百官到绵山祭奠介子推，先在山下寒食一日，第二天上山一看，去年那棵老柳又发出嫩绿的新枝，他百感交集地折下一把，编成柳圈儿戴在头上，群臣一见，纷纷效仿。这天正是二十四节气之一的清明，晋文公就封这棵柳树为清明柳，定这天为清明节。

民间传说用来解释清明节的起源固然不可尽信，但这则传说将其和寒食节联系起来，的确反映了一定的历史真实。

清明节自产生起，地位就很重要，今天人们常把它与春节、端午节、中秋节一起并称为中国四大传统节日。除汉族以外，我国阿昌、白、朝鲜、苗、土家、彝等少数民族也过清明节。清明节还传播到韩国、朝鲜、新加坡、马来西亚、印度尼西亚、越南等国，日本的某些地方也保留着“清明祭”的习俗活动。

一、清明前后，点瓜种豆：农事习俗

清明首先是一个节气，反映气候、物候变化，指导农业生产。这个时节气温升高，雨量增多，正是养蚕采桑、植树造林、播种耕耘的大好时节。“清明前后，点瓜种豆。”“清明一到，农夫起跳。”

（一）与养蚕有关的习俗活动

我国是世界上最早养蚕的国家。清明节举行一些活动可以帮助蚕宝宝顺利生长吐丝，唐人韩鄂的《四时纂要》中就提到这天修蚕具、蚕室有利于蚕业丰收。当代养蚕之乡仍保持着诸多风俗习惯，如祭蚕神、禳白虎、挑青、请蚕猫等等。

1. 祭蚕神

蚕神是民间俗信掌管蚕的生长和吐丝、保佑蚕旺茧丰的神灵。不同地方的蚕神不同，其中最著名的是嫘祖、蚕花五神和马头娘。传说嫘祖是黄帝的正妃，是她教会了人们养蚕织丝。蚕花五神也叫五花蚕神，长相奇特，三眼六臂，上两手高举过头，一手托日，一手托月；中间两手一手抓茧，一手抓丝；下两手合于腹部，捧一摞蚕茧。马头娘，相传是一个马首人身的少女。

关于马头娘，民间还有一则传说：古时候有户人家，父亲外出多年，家中只有一女和一匹公马。女儿常常思念父亲，一天她对马说："你若能把我父亲接回来，我就嫁给你。"没想到那马真的挣断缰绳，出去把女孩的父亲接回了家。后来父亲知道了女儿对马的承诺，他怎能允许女儿嫁给一匹马呢？于是就将公马射死，并剥下马皮，晒在院子里。有一天，女孩正在马皮边玩耍，马皮突然从地上跃起，把女孩卷上桑树，共同化作了会吐丝的蚕。

蚕乡的人们多相信蚕神能够保佑蚕业丰收，所以每年清明节的时候，就会祭祀蚕神。浙江杭嘉湖各地盛行的"轧蚕花"庙会，即以祭祀蚕神为核心内容。地处浙江省湖州市南浔区含山镇境内的含山轧蚕花庙会，内容丰富，参与人众，堪称蚕花庙会的代表。传说蚕花娘娘会在清明节化作村姑踏遍含山每寸土地，留下了蚕花喜气，此后谁来脚踏含山地，谁就会把蚕花喜气带回去，得个蚕花廿四分。因此蚕农们将含山称为"蚕花地"，每年清明都要来游含山、轧蚕花、踏踏含山地，并到蚕神庙进香，祈求蚕茧丰收。含山轧蚕花庙会从每年清明节（俗称"头清明"）开始，至清明第三天（俗称"三清明"）结束。传统的含山轧蚕花庙会，主要包括背蚕种包、上山踏青、买卖蚕花、戴蚕花、祭祀蚕神、水上竞技类表演等内容，既祈求蚕神保佑蚕花大熟，又借神嬉游，游春踏青。游含山过程中，男女青年熙熙攘攘，并故意挤挤挨挨，方言称作“轧（挤）发轧发，越轧越发”，以此讨彩头，期得蚕花茂盛，俗称“轧蚕花”。

2. 禳白虎

蚕乡的人们认为白虎是蚕的灾星，为了禳除白虎，人们会在清明节用面做成“白虎”，晚间扔到路上，叫做“送白虎”。病蚕俗称“青娘”，清明节吃螺蛳，叫作“挑青”。晚上将“挑青”后的螺蛳壳撒到屋上，叫做“赶白虎”。

3. 请蚕猫

老鼠喜欢吃蚕，所以养蚕人家不可无猫。如果实在没有，就需要放置假猫以避鼠害，称为蚕猫。蚕猫有泥制的，也有纸印的，可以贴在墙上，也可以糊在蚕匾下面。“请蚕猫”通常是到清明前后举行的庙会上，据说庙会上请来的蚕猫更灵验，不仅能避鼠害，还能避许多恶气。杭州半山的泥猫历史上有名，每逢清明前后，蚕妇们都要到半山娘娘庙烧“蚕香”，并在香市上购买泥塑彩绘蚕猫，回去放在蚕房里，或者馈赠亲友。清人范祖述《杭俗遗风》载：“半山出产泥猫，大小塑像如生，凡至半山者，无不购泥猫而归，亦一时之胜会也。”

（二）采新茶

我国是茶的故乡，饮茶之风遍及全国。清明茶是清明时节采制的茶叶嫩芽，是新春的第一出茶，色泽绿翠，叶质柔软，是茶叶中的佳品。过去种茶多的大户人家，每到清明前后就会雇佣茶工帮助采茶。茶工们往往遭受残酷的剥削，生活十分艰苦，有一首茶歌唱道：

想起崇安无走头，半夜三更爬上楼。
三捆稻草打官铺，一杖杉树作枕头。
想起崇安真可怜，半碗咸菜半碗盐。
茶树角兜赚饭吃，灯火脚兜赚工钱。
清明过了谷雨边，想起崇安真可怜。
日日站在茶树边，三夜没有两夜眠。

当然，这样的苦难如今已经烟消云散了。

（三）饭牛

清明过后，农事开始繁忙，牛的使用也频繁起来。过去在山东许多地方，有饭牛的习俗，即清明节这天给牛喂一顿好吃的，比如小米稀饭、菠菜汤、高粱米饭、玉米面饼子等，民间有谚语记云："打一千，骂一万，熬到清明喝稀饭。""打一千，骂一万，清明节下吃干饭。"

（四）植树

"植树造林，莫过清明"。清明节适宜植树，1915 年，在民主革命先行者孙中山先生的倡议下，北洋政府曾将清明节定为植树节，号召大家开展植树活动。后来为了纪念孙中山先生，中华民国政府决定"旧历清明植树节应改为总理逝世纪念植树式"，由此植树节改在孙中山先生逝世日——3 月 12 日。中华人民共和国成立后，1979 年，经第五届全国人民代表大会常务委员会第六次会议同意，“每年3月12日为我国植树节”。1981年12月13日，五届全国人大四次会议讨论通过了《关于开展全民义务植树运动的决议》。从此，全民义务植树运动作为一项法律规定开始在全国实施。不过，由于我国幅员辽阔，气候差异较大，各地适宜植树的时间也不相同，对于许多地方而言，植树节时寒气未消，因此更愿意选择在清明期间种植。还有的人将植树和扫墓结合起来，久而久之，坟墓周围就变成茂密的树林，不仅有效地保护坟墓，对于保护生态环境也发挥了积极作用。

（五）占岁

心中充满对未来的美好憧憬，脚下才会有更多努力奋斗的动力。在春天播种的时节，人们总会遥想秋天的收成，并根据清明日的雨水状况加以预测。一些地方的人们相信，如果清明节这天下雨，就预示将来能够丰收，所谓“雨打坟头钱，今岁好丰年”。但更多的地方相信清明这天下雨不利于庄稼生长。比如在江西就有谚语说：“麦吃四时水，只怕清明连夜雨。”福建也有类似的谚语：“清明要明，谷雨要雨。”

在浙江诸暨，过去还有在清明节做粉窝预测雨水多少的习俗。这天做粉窝十二枚，如果是闰年就做十三枚，一枚代表一个月份。将粉窝口朝上放在锅里蒸熟后，根据粉窝中水的有无和多少加以预测，如果无水那么该月就无雨，有水就有雨，水多就雨多，水少就雨少。不过，这种做法是否真的准确，就不得而知了。

二、千里赶上坟：祭扫习俗

祭扫，是清明最重要的习俗活动，所以一些地方会把清明节称作扫墓节。1935年，“为提高民族意识，尊崇祖贤起见”，中华民国政府还把清明节定为“民族扫墓节”。

清明祭扫，最重要的是祭祖，就是祭祀具有血缘关系的祖先。祭祀他们是因为我们延传了他们的血脉，他们是我们生命的根源。

清明祭祖，有些人会在家里或祠堂进行，但主要的还是到埋葬祖先遗体或骨灰的墓地去祭，所以祭扫又叫祭墓、上墓、墓祭、上坟、拜墓。

除了祭祖，清明节还会祭祀对国家和社会做出贡献的人。比如每到清明节，都会有成千上万的人在陕西桥山县黄帝陵祭祀轩辕黄帝，在湖南炎陵县炎陵祭祀炎帝，四川都江堰还举行放水节，祭祀修建了都江堰的李冰父子。各届人士还会到烈士陵园为革命烈士扫墓，其中也包括学生。有一首《少先队员扫墓来》的歌曲，就是少先队员在扫墓路上唱的。歌儿唱道：

山鸟啼，红花开，阳光照大路，少先队员扫墓来。墓前想烈士，心潮正澎湃，意志如长虹，气节象松柏。头可断，身可碎，钢铁红心色不改。头可断，身可碎，钢铁红心色不改。东风吹，松枝摆，凝望烈士墓，烈士豪气依然在。革命传家宝，一代传一代，今日红领巾，正是第二代。革命火，传下来，朝阳花儿开不败！革命火，传下来，朝阳花儿开不败！

既反映了少先队员对革命烈士的崇敬缅怀之情，又反映了少先队员继续烈士遗志为中华崛起而奋斗的决心。

现代社会，由于科学技术的发达，又产生了网络祭祀等新的祭扫方式。人们可以不去墓地，而是在网络上表达心意。可以说，无论什么方式的祭扫，都是纪念和感恩的仪式。清明节提供了一种机会，让我们慎终追远，报本返始，缅怀逝者，来感谢给予我们生命血脉的列祖列宗，感谢那些为民族的形成、文明的延续、国家的昌盛、人民的幸福、地方的发展做出贡献的人们，也感谢那些以不同的方式关爱我们、温暖我们的故去的亲人和朋友。

三、火燧知从新节变：改火习俗

唐代诗人韩翃的《寒食》诗脍炙人口：“春城无处不飞花，寒食东风御柳斜。日暮汉宫传蜡烛，轻烟散入五侯家。”人们多认为这首诗意在讽喻皇帝对宦官的恩宠，但也可以将它视为大唐王朝的一幅节日风俗画：飞花、御柳、东风描绘出都城长安的浓浓春色，蜡烛、轻烟则呈现了寒食清明期间独特的改火习俗。

改火习俗在我国起源很早，《论语·阳货》就提到钻燧改火要一年一次，所谓：“旧谷既没，新谷既升，钻燧改火，期可已矣。”这一习俗的流行和古代的用火方式密切相关。古代人工取火既费时又费力，为了便于照明、炊饭、取暖，人们往往采取保存火种、使其昼夜不熄的方式。这样一来，火就仿佛有了生命。古人相信，火的生命力会随着火的老化而逐渐减弱，进而影响到使用它的人，因此就要定期改火，也就是选择特定的时间将旧火熄灭，重新取得新火。

最初改火并不在清明节进行，而且魏晋以后，这一习俗也已逐渐消失。但唐代人又重新恢复了这一古老的习俗。当时的做法是在寒食节到来时将旧火灭掉，到清明日这天重新将火燃起。“百花如旧日，万井出新烟”“寒食花开千树雪，清明日出万家烟”等诗句，都反映了清明节改火习俗的盛行。

改火的时候，唐代人特别强调要采用原始的钻木取火的方式，所用之木主要是榆木和柳木，但也有用其他树木的，如杜甫说“家人钻火用青枫”。清明节钻木取火，不仅一般老百姓家要做，皇家也要做，而且特别安排宫廷里负责饮食的年轻人在宫殿前举行钻火比赛。谁先钻得新火，谁还能得到丰厚的奖励，奖品包括三匹绢和一个金碗。钻来的新火要献给皇帝，皇帝会将新火分赐给王公大臣。前文提到韩翃的《寒食》诗，里面说“日暮汉宫传蜡烛，轻烟散入五侯家”，描写的就是赐新火的动人场景。宋代时，民间和宫廷中还举行改火活动，赐新火的仪式也延续下来。著名文学家欧阳修就写过“踏青寒食追游骑，赐火清明忝侍臣”的诗句，借以表达得到赐火的喜悦心情。

“火燧知从新节变。”新火的点燃，引动了诗人的无数情思，也令人们更多感受到了春光的美好，反映了人们对“将以明而代暗，乃去故而从新”的真诚追求。

元代以后，改火的做法就渐渐消失，赐新火的仪式也不再举行。不过近年来，中国（开封）清明文化节上多次通过艺术表演形式再现了颁赐新火的古老传统，虽然只是表演，却也让人们对这个消失已久的习俗活动多了些许了解。

四、游子寻春半出城：娱乐习俗

自唐代以来，每到清明节，总会在一些地方形成特定的“场”，往往汇聚了多种娱乐活动。如民国时期河南郑县汴河一带，“桃柳荫浓，红翠间错，走索飞钱，踢水撒沙，吞刀吐火，跃圈抛球，并诸色禽虫之戏，纷纷杂集。钱塘里左右，有为临安雀竿之戏者。”今天有一些地方举办清明文化节，为了丰富内容，促进传统节日文化的传承与发展，会自觉将多种娱乐活动集在一起，形成清明的“娱乐场”。比如开封清明文化节期间的清明上河园，就是如此。

清明节是一个春天的节日，也是阴气下降阳气上升、阴阳相争之时。人们迫不及待地脱下冬装，踏青、斗鸡、蹴鞠、插柳、打瓦子、踢毽子、荡秋千、放风筝，举行多种多样的娱乐活动。诸多娱乐活动都在户外进行，并具有较强的竞斗色彩，既使人们亲近了自然，又使人们的体魄和心智得到锻炼，还具有辅助阳气上升的应时意义。

（一）老少踏青，耳聪目明

踏青也叫踩青、春游，起源很早[①]，而且代代流传，但最初并不在清明，唐代以后随着清明节的形成和地位上升，才越来越成为清明节的习俗内容。

每到节日来临，人们就纷纷走出户外，走到绿草茵茵、鲜花绽放的田野或园林之中，唱歌跳舞，尽情享受大好春光，以至于原本空旷的田野变得就像集市一样热闹。此时，人们往往还能看到许多新鲜玩意儿。如果生活在六七百年前的杭州，这天来到苏堤一带，不仅能买到许多好吃的食品和有趣的玩具，还能看到各式各样的杂技表演，有走索、骠骑、飞钱、抛钹，有踢木、撒沙、吞刀、吐火，还有跃圈、筋斗、舞盘等。如果生活在六七百前的北京，这天来到高梁桥一带，也能看到类似的杂技表演。它们精彩纷呈，令人大开眼界。比如一种叫扒竿的杂技，扒竿人在地上树立一根三丈高的竹竿后，光着身子爬到竿顶，用手按竿，整个身体倒立空中，又用肚子顶在竿上，四肢张开，整个身体在空中旋转，种种惊险动作，让人看得目瞪口呆。

清明踏青，男女老少汇集到一起，大家就有了更多相识

① 春秋时期著名的思想家、教育家、儒家学派的创始人孔子就是个特别喜欢踏青的人。《论语·先进》记载，有一次，孔子和自己的几个弟子一起聊天，问起他们的志向。其中有个叫曾点的说："暮春者，春服既成，冠者五六人，童子六七人，浴乎沂，风乎舞雩，咏而归。"意思是：暮春三月，穿上春衣，约上五六个成人、六七个小孩，在沂水里洗洗澡，在舞雩台上吹吹风，一路唱着歌回家。孔子听后，十分赞叹，不由地说："我和曾点一样呀！"

交往的机会，一些有趣的故事就会在这个时候发生。“人面桃花”的故事，就来源于此。话说唐朝有个读书人叫崔护，到京城参加考试落榜了，清明节的时候独自到城郊踏青，一路走来，渴得厉害，就到一户人家要杯水喝。这家只有一个女孩在，她打开门，端水给崔护喝，自己则倚着桃花，情意绵绵地看着崔护。第二年的清明节，崔护想起去年的往事，十分思念，又前往探视，只见门院还和去年一样，但上了锁。崔护惆怅万分，就在门上题诗一首：“去年今日此门中，人面桃花相映红。人面不知何处去，桃花依旧笑春风！”

踏青是对大自然的亲近，徜徉在气清日丽、风景如画的大自然中，能使人心胸开阔，疲劳消除，精神振奋，有谚语云，“老小踏青，耳聪目明”“清明踏了青，不患脚疼病”等等，都揭示了踏青具有重要的养生功用。

（二）绿杨影里戏秋千

“满街杨柳绿丝烟，画出清明二月天。好是隔帘花树动，女郎撩乱送秋千。”这是唐代诗人韦庄的诗作，在这里，绿色的杨柳、美丽的花树和荡秋千的女子，共同构成一幅动人的清明风景画，不由人心向往之。

秋千最初流行于北方，本是训练身手敏捷和攀援本领的军事工具，后来被带到中原地区，才逐渐演变为备受欢迎的娱乐设施。唐代清明节荡秋千已经兴盛，并有“半仙之戏”的美称。“长长丝绳紫复碧，袅袅横枝高百尺。”诗人王健在《秋千词》中描写了时人荡秋千的盛况：长长的秋千索是彩色的，高高地搭在秋千架上。最爱荡秋千的是那些处在人生最美丽年华的青年男女。他们聚集在一起，轮流将秋千荡起。只见他们张开双臂，像鸟儿一样忽上忽下。就这样玩着玩着，荡秋千不再是悠闲的嬉戏，而成了一种颇具火药味的竞技：那些争强好斗的人一定要比试个谁高谁低。这时候，荡秋千不再靠别人的推送，而完全凭借个人的技艺。这真是一番惊心动魄的较量，荡的人凌空飞扬，衣袂飘举，怕的是不能荡得高一点再高一点。看的人如痴如醉，心痒不已，恨不得马上也上去大显身手，一展丰姿。是比赛就有胜负，但荡秋千仿佛打擂台，那真是长江后浪推前浪，一浪更比一浪强，不断有人参与到比赛中来，也不断有后来人取代前一个赢家成为新的胜利者……

到宋代，荡秋千依然盛行，追求精致生活的宋代人还发展出“水秋千”的新花样。据资料记载，清明节前后，都城汴京的金明池里会举行水秋千表演。一时间，上自皇帝宫妃、王公大臣，下至黎民百姓，都纷纷前来观看。表演之前，要先在水中两艘雕画精美的大船船头上竖起高高的秋千架。表演开始，船上鼓乐齐鸣，一个人就会登上秋千奋力荡来荡去，当他荡到和秋千架齐平时，就松开手，跃入水中，引来阵阵叫好声。此时船尾处还有叫作“上竿”的杂技表演。所谓上竿，就是在船上用两张长凳叠起一张条案，案上一人仰卧，脚蹬高竿，一人爬上竿顶，手展长幡，上书“庆国泰民安，贺风调雨顺”字样。水秋千姿势优美，惊险刺激，成为当时最受欢迎的项目之一。宋代以后，荡秋千的习俗无论在宫廷还是民间都继续流行，人们甚至将清明节称为“秋千节”。故宫博物院至今收藏着一架供后妃们玩荡的木秋千，呈长方形，长 60 厘米，宽 15 厘米，厚 2.5 厘米，两侧有直径 8.5 厘米的铁环，上系直径 2 厘米的棉粗绳，从中可以遥想当年的热闹与繁华。①

荡秋千有着十分奇妙的感受。或站或坐在画板之上，推送之下，秋千荡起，身子就如同长了翅膀，飘飘然飞起来，忽上忽下，忽前忽后，天空和地面随着晃动而变形，有点儿紧张，有点儿害怕，有点儿头晕，有点儿目眩，有点儿恍恍惚惚不知所在，却又那样的轻松自由……打秋千有助于身体健康，还能锻炼小孩子的胆量。在一些地方，秋千还被认为具有预防和治疗疾病的作用，比如山东东明一带将打秋千称作“摆疥”，认为可以不得疥疮。

我国是个多民族国家，除了汉族，朝鲜、维吾尔、柯尔克孜、纳西等许多少数民族都有荡秋千的风俗。自 1986 年起，秋千还被列为我国少数民族传统体育运动会的比赛项目。

---

① 秋千有多种式样，有的非常简单，在两树之间拴一绳，即可以摆荡，有的则十分复杂。陕西合阳黑池镇南社村的秋千十分有名，2011 年南社秋千还被列入陕西省非物质文化遗产项目名录，其样式有多种，如三状元秋千、天平秋千、轮儿秋千、过梁秋千等等。搭秋千是个力气加技术活，一般只有小伙子才能胜任。过去，清明前两三天，合阳一带的年轻媳妇姑娘们会选出两三个代表，挨家挨户地收鸡蛋，将其炒熟，或者做成荷包蛋，让小伙子们先美美吃上一顿，然后请他们帮忙缚秋千。秋千架竖起时要放串鞭炮辟邪，并在两根立柱上贴一副红红的对联。清明过后落秋千架时也要放鞭炮，表示圆满结束。

（三）杨柳青，放风筝

风筝又叫风鸢、纸鸢、纸鹞、鹞子等，是深受人们喜爱的娱乐健身玩具。“杨柳青，放风筝。”风和日丽、杨柳垂丝的清明时节是放飞风筝的最佳季节。五颜六色飞舞的风筝是晴空中最亮丽的风景。风筝起源很早，最迟在唐代，已流行清明时节放风筝。

风筝的形制各式各样，有串式、桶形、板子、硬翅、软翅等多种类型。不同地方，也形成了自己的特色。根据资料记载，扬州的风筝，“大者方丈，尾长有至二三丈者。式多长方，呼为‘板门’；余以螃蟹、蜈蚣、蝴蝶、蜻蜓、‘福’字、‘寿’字为多。次之陈妙常、僧尼会、老驼少、楚霸王及欢天喜地、天下太平等。”既有动物，又有人物，还有一些吉祥字样，表达了人们对美好生活的向往和憧憬。北京的风筝最有名的是沙燕，其他还有哪吒、刘海、哼哈二将、两人闹戏、蜈蚣、鲇鱼、蝴蝶、蜻蜓、三羊（阳）开泰、七鹊登枝之类，也是惟妙惟肖，奇巧百出。山东潍坊是当今公认的世界风筝之都，1984 年创办了潍坊国际风筝节，每年于 4 月举行，是我国设立最早、连续举办时间最久、影响力最广、经济和社会效益最好的知名节庆会展活动之一。当地的风筝历史悠久，花样繁多，很早就形成了风筝的交易市场，有诗句描写道：“风筝市在东城墙，购选游人来去忙。”

为了让放风筝更加有趣，有些人还会给风筝配上藤弓或装上葫芦哨，这样就能在空中发出响声。还有些人在风筝尾部系上一个或几个小灯，黄昏夜晚时候放飞，遥遥望去，明明灭灭，闪闪烁烁，十分动人。清人张劭的《纸鸢》诗就描绘了这一情景："众簇春郊放纸鸢，踏破凝笑线牵连。影驰空碧摇双带，声遏行云鼓一弦。避雨寻来芳草地，乘风游遍艳阳天。黄昏人倚楼头看，添个灯笼在天边。"

放风筝，不同地方有不同的讲究和放法。过去，山东曲阜一带放风筝忌讳风筝断线后飘落居民家中，认为不吉利。为驱除不吉，会将风筝压在磨盘下三天。在江苏常州一带，清明节这天是春天放风筝的最后一天，叫做"放断鹞"。在天津，人们将绳剪断，任凭清风吹走，据说这样可以消灾免难。这与《红楼梦》"林黛玉重建桃花社　史湘云偶填柳絮词"一回中对放晦气的描写十分相像。在浙江杭州，常有年轻人竞相放飞风筝，让各自的风筝缠绕在一起，根据风筝线先断后断来判断输赢。

放风筝是一项有益的娱乐活动，不仅能强身健体，益智明目，还能愉悦心情。清明时节，沐浴着春日的阳光，在如茵的草地之上放飞风筝，奔跑欢叫，什么烦恼、什么忧愁，都一股脑儿随风筝飞向天空去了。

（四）剑心一动碎花冠

大家都知道，成语"呆若木鸡"一般用来形容一个人痴傻发愣的样子，或因恐惧或惊异而发愣的样子，带有明显的贬义。不过最初它却是一个褒义词，指代一种很高的境界。只有精神内敛，修养到气度非凡，宁静沉着，不畏不惧，才配得上这个词。这个成语的来历就与斗鸡活动有关。

据《庄子》记载，有个叫纪渻子的人为周王养斗鸡。养了10天后，周王问有没有训练好。纪渻子说："还没有。它一看见别的鸡就跃跃欲试。"过了10天，宣王又问。纪渻子回答说："还不行。还和原来差不多。"又过了10天，周王又问，纪渻子说："还不行。心神还相当活跃，火气还没有消退。"再过了10天，周王又问。纪渻子说："现在差不多了。即使别的鸡叫，它也能毫无反应，看起来像木鸡一样，这样就训练到家了。别的鸡一看见它，准会转身逃跑，斗也不敢斗。"这则故事反映出至少战国时期就已积累了培养斗鸡的丰富经验。而在当时的齐国都城临淄，斗鸡走狗的人遍地皆是。

起初斗鸡不讲究时间，但到南北朝时期，已成为寒食节期间的重要活动，唐朝则是清明斗鸡活动的黄金时代。在皇帝的带领下，全社会掀起了斗鸡之风，人人以弄鸡为事，一些富贵之家甚至为买一只好的斗鸡而倾家荡产。唐玄宗李隆基是名副其实的斗鸡爱好者，他专门设立斗鸡坊，并选拔五百个年轻的士兵专门从事斗鸡的训练饲养。当时有个叫贾昌的孩子，深知斗鸡特点，训鸡本领极其高超。每到清明节，唐玄宗和他的妃嫔们都会欣赏贾昌指挥的斗鸡表演。届时，贾昌戴着雕翠金华冠，穿着锦袖绣襦裤，手里拿着指挥用的器具，将众多斗鸡带到广场之上。斗鸡们在他的指挥下做出种种动作，或扇动翅膀，或磨磨嘴巴，总之是一切行动听指挥。待斗鸡结果出来，胜利的鸡就自动走在前面，失败的鸡就自动跟在后面，非常有秩序地退出赛场。贾昌备受玄宗喜爱，赏赐有加。斗鸡表演虽然精彩，但一个统治者过分沉溺于这样的娱乐活动，对国家来讲毕竟不是好事，所以当时有一首流行的《神鸡童谣》对此加以讽刺："生儿不用识文字，斗鸡走马胜读书。贾家小儿年十三，富贵荣华代不如。"

作为一种动物斗戏，斗鸡有其特殊的观赏性和独特魅力。斗鸡是鸡与鸡之间的争斗。赛场之上，"剑心一动碎花冠，口血相污胶彩翼。"威武的两只斗鸡腾挪跳跃，短兵相接，互不相让，被鲜血染红的羽毛杂着尘土四处飞扬。但斗鸡活动带给人的感受又并非如此简单。虽然体力不支，虽然遍体鳞伤，但仍坚守阵地，若是敌手来犯，它必不顾性命地冲上前去……许许多多的观者在两鸡的搏斗中知道了什么叫斗志昂扬，什么叫英勇不屈。正如一首描写斗鸡的诗说的那样："斗鸡使懦夫产生勇气，使逃兵变得临死不惧。斗鸡也使人机智多谋，让他们的生活充满生机。"

（五）鼓笛声中度彩球

蹴鞠，也作蹋鞠、蹴球、筑球、踢圆、圆情等，就是踢球的意思。传说是黄帝为训练军队而发明的一项活动，2004年，被国际足联承认为世界足球的起源。

蹴鞠在我国至少已有2000多年的悠久历史，战国时期已经流行，它和吹竽、斗鸡、走狗、弹琴、六博等一样，都是齐国都城临淄的老百姓十分喜爱的休闲娱乐活动。有趣的是，汉代开国皇帝刘邦的父亲也是位蹴鞠迷。史书记载，刘邦当上皇帝以后，把父亲从老家丰县接到都城长安，但父亲并不高兴，原来是他留恋老家的生活，忘不了那里的“屠贩少年，酤酒卖饼，斗鸡蹴踘”。为了讨父亲欢心，刘邦下令在长安附近专门设置了个“新丰”，将老家的人和动物都迁来居住，太上皇又有蹴鞠、斗鸡活动可看了，这才高兴起来。

起初蹴鞠也没有相对固定的时间，唐代时，“清明蹴鞠”已十分流行，这客观上促进了蹴鞠的发展。当时，不仅鞠的制作有了改进，蹴鞠的方法内容也有较大变化。早期的鞠是以皮革制作的实心球，唐代的鞠已是具有球皮和球胆的气球了。由于鞠的形制发生变化，球体变轻，能够踢高，当时的人们就以踢高为能事。史载有个叫张芬的女子，常常在福感寺蹴鞠，“高及半塔”，被称赞为“曲艺过人”。蹴鞠总能吸引许多人的瞩目，于是经常出现“万人同向青霄望，鼓笛声中度彩球”的盛大场面。

在形式上，蹴鞠主要分有球门的和没有球门的两种。没有球门的俗称“白打”，原是两人对踢，后来发展为三人角踢，四人、五人直至十人的轮踢，十分讲究技巧，有所谓“脚头十万踢，解数百千般”的说法。有球门的比赛叫“蹴球”，球门设在场地中央，在两根高高的竹竿上结网为门，根据两队射门次数的多寡来判断胜负。

宋代人也很喜欢清明蹴鞠，球技好的人还能受到提拔和青睐，这和唐代斗鸡小儿的命运十分相像。比如有个叫柳三复的人，考中进士后想见宰相丁渭，但一直没有门路。有次听说丁渭在后园踢球，柳三复就去碰运气。每每丁渭把球踢出园外，柳三复就把球送回来，丁渭知道后要面见柳三复。柳三复便怀揣文章，头顶着球，走进门来。见了丁渭先是拜了三拜，然后从怀中取出诗文呈上，又拜了两拜。每弯身拜时，头上的球就转到背臂间，直起身时，球又跑到头上。丁渭见此十分惊叹，就留他作了门下客 。此时还出现了专门的足球组织——球社，“齐云社”“圆社”都颇有声名，有诗赞云：“若论风流，无过圆社。”“天边自结齐云社，一簇彩云飞便停。”球社都有自己的社规，如不许做“人步拐、退步踏；人步肩、退步背”等危险动作。鞠的制造工艺也进一步提高，球壳用香皮十二片“密砌缝成，不露线角”，越来越接近圆满完美。

清代以后，清明蹴鞠日益衰落。所幸的是，近几年来，伴随着蹴鞠被公认为足球运动的前身，伴随着国人对于传统文化的日渐重视，古老的蹴鞠活动又重新焕发生机。2015 年 10月，国家主席习近平在英国首相卡梅伦的陪同下参观曼彻斯特城市足球学院，俱乐部球员代表向习近平赠送了球衣，习近平则向英方回赠了一个四片仿古蹴鞠。

（六）清明不戴柳，红颜成皓首

用柳是清明节的一项重要习俗活动，以至于清明节又被称为柳节、插柳节。清明节用柳习俗大约始于唐代，在 20 世纪之前一直传承不衰，播布区域也十分广泛。

清明节用柳，首先是用于改火习俗。唐宋时期清明节改火，多用榆木和柳木，所以有诗吟咏：“榆柳芳辰火，梧桐今日花。”

其次是插柳，即将折取的柳枝插在特定的地方，通常是门上或屋檐下。[①]

除了门上插柳，有些地方的人们还会在寝室、床头、窗户、灶台上，甚至坟上插柳。从前无锡一带的农民在门前晒场周围、自家农田的田埂旁插柳，认为有利于庄稼生长，有“清明插绿柳，稻麦长过头”的说法。

戴柳是又一种常见的用柳方式。关于如何戴柳，因地因人有所不同。有的戴在头上，有的挂在项间，还有的佩戴在衣服上。有的直接用柳枝、柳叶，有的则用柳条编成的柳圈或者捋成的柳球。比如在辽宁，小孩子会将嫩柳枝编成柳圈，戴在头上，叫做“柳树狗”。柳枝青青可爱，总能营造出一片生机盎然的春天。更为有趣的是，一些地方不仅人戴柳，小猫小狗等动物也要戴柳，沾点春天的颜色和气息。人们还会将柳枝做成柳哨，嘀嘀吹起来，就奏响了春天的乐章。

人们为什么要在清明节插柳呢？追根溯源，还得从柳树的特性说起。

---

① 关于为什么要在门前插柳，还有一个十分动人的传说。相传在一次行军途中，唐代农民起义军领袖黄巢，看到一个妇女，身上背着一个十多岁的大男孩，手里挽着一个五六岁的小男孩，艰难地在路上行走，他感到十分纳闷，就上前询问：“大孩子身重，小孩子体轻，你为什么背大的不背小的呢？”妇人回答说大男孩是兄长家的孩子，小男孩是自己亲生，兄长已死，所以要背着他。若是有兵追来，就丢弃小的，背着大的逃命。黄巢看到妇人如此仁义，很受感动，就让妇人在家门上插柳枝作为记号，并告诉手下士兵不要侵扰插柳枝的人家。那妇人回家后告诉了乡里乡亲，于是家家户户都在门上插了柳枝，果然没受侵扰。这天正好是清明节。为了纪念这件事，每到清明节，人们就在门前插柳。这则民间传说揭示了仁义道德的巨大力量。

一方面，柳树具有强大的生命力和旺盛的生殖力。俗话说："有心栽花花不发，无心插柳柳成荫。"就反映了这一特性。柳树插土就活，插到哪里，活到哪里，年年插柳，处处成荫。这样的特性是连妖魔鬼怪都害怕的，所以柳树有"鬼怖木"的别称。在人们心中，柳树具有"含精灵而寄生兮，保休体之丰衍"的强大力量，能令人不老。"清明不戴柳，红颜成皓首""清明不戴柳，死在黄巢手""胡不戴柳，须臾黄耇"，说的都是这个意思。

另一方面，在众多植物中，杨柳抽丝发芽是较早的。这一特性不仅使柳树（包括柳枝、柳叶、柳絮）成为盎然生机的载体，还成为春天到来的象征。当春寒料峭、万物仍然萧索的时候，用绿莹莹的柳条装饰家门也好，装点自己也好，都让世间多了春的气息。清明用柳，是对生命的礼赞，也是对春天的欢迎。

清明节除了用柳之外，还使用其他植物。比如在江苏苏州，人们习惯在门上插桃树枝。云南省金平县龙骨乡的瑶族妇女则头插鲜花。在浙江，各地小孩有头戴柳枝花草的习俗，俗信戴葱头会聪明；戴豆花能明目；戴柳叶有好娘舅；戴黄杨有好爹娘；戴香荠有好兄弟；戴艾叶能消灾。在海南，妇女簪石榴花，认为可以避免害眼。无论用什么植物，习俗都包含着人们对于幸福生活的祝愿和美好未来的憧憬。

五、清明吃了青，走路一身轻：饮食习俗

饮食习俗是传统节日的重要内容。通过相应的食俗烘托节日气氛，加强亲族联系，调适自身生活，促进身体健康，表达人生诉求，是中国节日文化的一个重要特征。

由于时代变迁，清明节饮食习俗在不同历史时期有所不同。受自然环境和文化传统的影响，不同地方的清明节饮食也有较大差别，因为人们总是因地制宜、因时制宜、因俗制宜，从而形成富有地方特色的清明食品。大体而言，南方是稻作文化，清明节食品就多以稻米或米粉为原料，制成青团、麻糍、清明粑、清明粿、清明糯、五色糯米饭、软曲粑、清明粽、麦芽塌饼、苗圆子等；北方以种植小麦为主，兼种五谷杂粮，清明节食品就多以麦面、玉米面、杂粮面粉为原料，制成多打、子孙饽饽、子孙饺子、馓子、炒面、子推馍、子推燕、蛇盘兔、红豆馍、燕燕、石头饼、娃女子、野狐子等。当然，也有一些共同的食品，比如鸡蛋。

清明节的食品不同于平常生活中的食品，常被作为祭祖祀神的供品来使用，也作为礼物送给左邻右舍、亲朋好友，促使人们加强沟通、联络感情。不仅如此，清明节的食品往往蕴含着人们的美好诉求。比如在浙江桐乡，有“清明大似年”的说法，十分重视清明节这天全家团圆吃晚餐，饭桌上总少不了几样传统菜：糯米嵌藕、炒螺蛳、发芽豆和马兰头，每样菜都有寓意。吃藕是祝愿蚕宝宝吐的丝又长又好；吃炒螺蛳，并把吃剩的螺蛳壳往屋里抛，据说声音能吓跑老鼠，毛毛虫

会钻进壳里做巢，不再出来骚扰蚕；吃发芽豆是博得“发家”的口彩；吃马兰头等时鲜蔬菜，则是取其“青”字，以合“清明”之“青”。山东菏泽一带过去在清明节常吃一种叫“多打”的食品。吃前要先围着打麦场转几圈，边转边说：“多打多打，多打粮食多吃啥。多打多打神，多打粮食多添人。”明显有着祈求庄稼丰收、人丁兴旺的意思。在湖南长沙，人们摘嫩蒿叶、夏枯草、地菜籽捣碎和米粉做粑粑吃，俗称“吃青”、吃“艾叶子粑粑”，有“清明吃了青，走路一身轻”之说。可见吃青能够强筋骨，益气力，具有养生保健的意义。

在一些地方，某些饮食活动还具有时间提示的意义。比如湖南龙山捞车村的村民习惯在清明节吃猪脑壳，所谓“清明酒醉，猪脑壳有味”，它提醒人们最美味的猪脑壳肉都吃完了，就不能再游玩了，应该储存体力开始新一年的农耕。

不同地方的清明节食品花样繁多，意义各别，却也有一个共同的特点，就是大多数食品可以冷食，这在 20 世纪之前尤其突出。清代人顾禄的《清嘉录》中记载苏州的清明食俗说：“今俗用青团，红藕，皆可冷食。”老北京有寒食十三绝，即驴打滚、艾窝窝、糖耳朵、糖火烧、姜丝排叉、焦圈、馓子麻花、豌豆黄、螺丝转儿、奶油炸糕、硬面饽饽、芝麻酱烧饼和萨其马，也是清明的节令习俗。清明时节之所以吃冷食，根源还在于清明节与寒食节的复杂关系。伴随着清明节的兴盛，寒食节的寒（冷）食习俗转移到清明节中了。

七、清明节的文化内涵

兼具节气与节日的双重身份，清明蕴藏着丰富的文化内涵。主要包括以下三方面。

（一）感恩情怀

感恩，包括两层含义：一是知恩，即一个人能够从内心意识到并记住他人对于自己的恩惠和帮助，并由衷生发出感谢之情；二是图报，即有回报别人恩惠的心愿和责任感，并努力体现于实际行动上。古人云："知恩图报，善莫大焉。"知恩图报，人间最大的善行。

感恩之所以重要，是因为我们生活在这个世界上，需要依靠大自然的赐予，需要人和人之间的互相搀扶。只有形成得到与付出、受恩与回报的良性循环，一个人才能和其他人建立起良好的互助合作关系，社会才能有序运行，人类和大自然才能和谐相处。

清明扫墓，是感恩的仪式。人们用祠堂祭拜、坟前祭拜、培修坟墓、烧纸钱、奉鲜花等多种方式来表达感恩之情。清明节，我们感恩父母和祖先。"哀哀父母，生我劬劳。"父母之恩，恩重如山。对于父母的恩情，子女需要用"孝"来报答。孝就是父母活着的时候好好敬养，让他们心情愉悦；父母去世了，要好好安葬他们，并定期纪念他们。清明扫墓就是定期纪念。除了父母，也要祭扫先人，因为他们是我们血脉的来源。我们还要祭扫那些历史上做出突出贡献的人们，因为他们是灿烂文化的创造者，是民族和国家尊严的维护者，是我们幸福生活的根本。

人活在世上，应该懂得感恩，应该有感恩情怀。感恩情怀会将一个人导向对他人的尊重、关爱和宽容，并有利于社会的和谐与共荣。然而，感恩情怀并非生而有之，在很大程度上要依靠后天的培育。清明节以其特有的祭扫活动，让活着的人缅怀逝者的功劳与业绩，让自己体会所受到的恩惠，并由此激发、强化了报答之心。所以，清明节的扫墓活动，不仅是感恩情怀的体现，还是培育感恩情怀的重要时机。

（二）生命意识

生命意识是每一个人对生命的自觉认识，包括生存意识、安全意识和死亡意识等。“神龟虽寿，犹有竟时。”人类也难以逃脱死亡的噩运。这是中国人很早就认识到的生命现实。基于这个现实，中国人表现出了乐观积极的人生态度。其一，看重生存价值，认为生命短暂而宝贵，必须珍爱生命。其二，尊重逝去的生命，慎终而追远。其三，努力超越生命的短暂，追求不朽。这种态度影响了清明节习俗活动的生成，并在清明节习俗活动中得以体现。

珍爱生命的一个表现是积极享受生活之乐，欣赏生命之美。清明时节，生机盎然，溪畔枫杨的爆芽，河边柳枝的抽绿，园里红杏的初绽，筑巢燕子的呢喃，都召唤人们投入大自然的怀抱。踏青习俗就是对自然生命的热切关注和对生命之美的欣赏。其他活动，如荡秋千、放风筝、斗鸡、蹋球、踢毽子等，同样是对生命力的展现和张扬。

珍爱生命的另一个表现是呵护新生，对于新生命、新成员表现格外的关爱和重视，积极为其被家庭、社会所接纳创造条件。比如晋南过清明节要给孩子蒸“指望馍”，表示对新生命的期望和祝福。在广东翁源，清明节有分祭肉的习俗，一般是每个男丁四两或半斤猪肉。但有谁家新生了儿子，并登入族谱，第一次祭祖可得一斤猪肉，叫做“新丁肉”。

人的一生不仅包括有尊严地生，也包括有尊严地死和死后被有尊严地对待。中国人不仅珍爱活着的生命，而且尊重逝去的生命。清明节的祭祖和祭先贤、革命烈士，既有对他们的感恩，也有对生命本身逝去的缅怀与悼念。尤其一些人还会祭祀没有血缘关系的普通人。比如近些年来，每到清明节，都有许多人自发纪念在唐山大地震、汶川大地震等自然灾害中丧生的人们，体现了一种普遍的终极关怀。

生命是美好的，但终免不了凋落。尽管如此，中国人仍然顽强地保持着生命可以延续以至不朽的信念，并积极寻找实现的路径。路径之一便是血脉的传递。这使得中国社会特别注重家族的人丁兴亡以及子孙对祭祖扫墓仪式的参与。“有后人，挂清明，无后人，一光坟。”清明是否有人扫墓成为判定生命是否延续的一个标准。重要的路径之二，便是从事立德、立功、立言的“三不朽”事业。一个人的肉身虽然不在了，但是他或因为高尚的品德，或因为拯厄除难的功业，或因为提出了重要的观点学说而被后人铭记在心、彪炳史册，同样可以永垂不朽。这使得中国人具有较强的生命担当意识和杀身成仁、舍生取义的牺牲精神。“苟利国家生死以，岂因祸福避趋之”“人生自古谁无死？留取丹心照汗青”所表述的正是这样的生命意识。清明节对先贤、革命先烈的祭扫怀念，是感恩，也是对这种生命意识的肯定与赞扬。

珍爱生命、慎终追远、追求不朽的生命意识在清明节的习俗活动中得到充分体现，而对清明节众多习俗活动的参与，则是一种自然的生命意识教育过程。清明节，是生者与死者的对话。扫墓让生者在当下想起死者，意识到在连绵不绝的生命链条上，自己只是其中的一环。清明节，还是对死亡和生命的并置，它将“向死而生”的矛盾赤裸裸摆开了给人看，身处其间，人们必然思考“该怎样活着”的深刻话题。清明节，还是对普通死亡和高尚死亡的并置，普通逝者得到怜惜，高尚逝者得到咏赞。面对着“烈士丰碑何巍峨……民族精英永不磨”的咏赞，对生命价值的思考以及生命担当意识也会在一个人心中油然而生。

（三）应时精神

首先是尊重自然规律，不误农时。清明节正是春耕春种、养蚕采茶的大好时节。此时我国不少地方都有与农事相关的习俗活动，如占岁、饭牛、采茶、植树、祭蚕神、禳白虎、请蚕猫等等，都有因时制宜的内涵。至于清明农谚，更揭示了人们对不误农时的要求。

其次是通过一些活动赞天地之化育，辅万物之自然。清明节是个春天的节日，春天的特性是“天地俱生，万物以荣”，身处春天的人就要在行动上与春天的特性保持一致，而像放风筝、荡秋千、拔河等清明节的习俗活动，都具有运动、竞斗色彩，它们的举行是对“生气”的抒发，对阳气的襄助。

再次是借助自然之力，实现自身的圆满。比如插柳、戴柳习俗，是人们希望通过和柳树的接触，将它旺盛的繁殖力和生命力转移到自己身上，让自己能够像柳树一样生机勃勃。清明节的许多饮食，要么寄托着人们对农业丰收、生活康宁的美好诉求，要么可以补阳气、益精气、强筋骨，切实具有祛病强身、延年益寿的重要作用。

总之，清明作为一种独特的时间设置和社会安排，具有十分丰富的习俗活动和深厚的文化内涵，千百年在人们的日常生活中发挥着重要的社会功能。它以其特有的方式显示着，也延续着中国人在处理人与自然、人与国家、人与社会、人与家庭、人与自我、生者与死者、熟悉者与陌生者等各种关系方面的原则和智慧，反映着也传承着中国人刚健有为、崇德利用、天人协调、重伦理尚人情的基本文化精神，培养维系强化着人们的认同感与归属感，在民族、国家、地方、家族、家庭等多个层面上汇聚人力，凝聚人心。

雨生百谷，花开富贵：谷雨

谷雨三候

萍始生：浮萍开始生长。

鸣鸠拂其羽：布谷鸟扇动自己的羽毛，布谷布谷地叫着（提醒人们开始播种）。

戴胜降于桑：桑树上开始见到戴胜鸟。

谷雨春光晓，山川黛色青。桑间鸣戴胜，泽水长浮萍。

暖屋生蚕蚁，喧风引麦葶。鸣鸠徒拂羽，信矣不堪听。

——卢相公、元相公：咏谷雨三月中

每年阳历 4 月 19 日 -21 日，太阳运行到黄经 30 度时便交谷雨节气。《月令七十二候集解》解释说：“自雨水后，土膏脉动，今又雨其谷于水也。雨读作去声，如雨我公田之雨。盖谷以此时播种，自上而下也。”这里认为谷雨的“雨”字应该读去声，谷雨一词的含义是谷物此时播种，自上而下，好像下雨一样。不过，更多的人将这个节气解释为谷物得到雨水而生长，所谓“谷雨，谷得雨而生也”。

谷物生长离不开水，随着天气的进一步变暖，雨水进一步增多。我国南方大部分地区东部常年 4 月下旬雨量约 30 至 50 毫米，每年第一场大雨也一般出现在这段时间。此时节，烟雨濛濛、细雨霏霏的阶段即将过去，雨变得有力起来，成为清晰的点点滴滴。因此，谷雨或许也具有“雨如谷粒”的含义。

从雨水节到谷雨节，雨在春天经历了自己的成长。

一、谷雨前结蛋，谷雨后拉蔓：农事

谷雨气温升高，许多地方已经不再下霜，对此有农谚说：“清明断雪，谷雨断霜。”但以中国之大，地形之多样，南北东西不可能保持一致，故而北方不少地区仍然处于“清明断雪不断雪，谷雨断霜不断霜”的情况。

春播秋收。谷雨也是多种农作物下种的标志性时间。“清明江河开，谷雨种麦田”“清明高粱谷雨谷，立夏芝麻小满黍”“谷雨天，忙种烟”“谷雨前后，种瓜点豆”“谷雨前，好种棉；谷雨后，好种豆”“过了谷雨种花生”“苞米下种谷雨天”等等农谚都说明了这一点。此时种棉花种红薯，也恰逢其时，因为“谷雨种棉花，能长好疙瘩”“谷雨栽上红薯秧，一棵能收一大筐”。如果谷雨下雨那就更好了，所谓“清明不怕晴，谷雨不怕雨”“谷雨不下庄稼怕”。谷雨下雨尤其对棉花的栽种生长有利，恰如有农谚云“谷雨有雨棉花肥”“谷雨有雨好种棉”。

人们也在谷雨时节观察庄稼的长势。冬小麦是中国重要的农作物，古人认为它“秋种冬长，春秀夏实，具四时中和之气，故为五谷之贵”，因此对其生长格外关注，像“谷雨麦挑旗[①]，立夏麦头齐”“谷雨麦怀胎，立夏长胡须”“谷雨打苞，立夏龇牙，小满半截仁，芒种见麦茬”，都描述了小麦在不同节气的表现，其中谷雨正是小麦挑旗、打苞之时。

进入谷雨，耕牛越发繁忙起来，在湖南醴陵，人们通常让牛在谷雨日休息一天，所谓“牛歇谷雨人歇灶”，是对牛的尊重，也是对牛的感恩。

江南多种茶，此时节开始采摘炒制谷雨茶。茶的品质、价格与采茶时间密切相关，“早采三天是个宝，迟采三天成叶草。”因此采茶时节，茶农起早贪黑，格外辛劳。正是这些辛劳，成就了茶的清香。[②]

二、唯有牡丹真国色，花开时节动京城：花事

谷雨是二十四节气的第六个节气，也是春季的最后一个节气，虽然北方个别地区仍不免春寒料峭，但我国大部分地

---

① 小麦茎秆最上一片叶叫旗叶，旗叶完全展开，称为挑旗，全田有 50% 以上旗叶展开时，即为挑旗期。挑旗期过后，旗叶的叶鞘处明显膨胀，称为孕穗，或称打苞，全田有 50% 以上植株达到孕穗状态，即为孕穗期。穗部从旗叶叶鞘管中逐渐伸出的过程和状态，即为抽穗。小麦一般在挑旗后 10 天左右即可抽穗，一般抽穗后 4 天左右即可开花。这段时期是小麦产量形成的关键时期，充足的光、温、水、肥至关重要。

② 相传投降清朝的明代大臣洪承畴与人对弈时，吟一上联：“一局妙棋，今日几乎忘谷雨。”对方马上续道：“两朝领袖，他年何以辨清明。”这里巧用“清明”，表面指节气，与“谷雨”相对，实指清、明两个朝代，一语双关，讽其失义折节，意味深长。传说洪承畴为明朝大臣时，深受崇祯皇帝宠信。他自拟一副对联“君恩深似海，臣节重如山”，以表忠心。降清之后，有人气愤不过，便在对联两句后各加上一个虚字，对联就成了：“君恩深似海矣！臣节重如山乎？”很好地讽刺了洪承畴朝秦暮楚、忘恩负义的贰臣形象。

方的春色已经浓郁得化不开了。此时人们依然保留着探春赏春的雅兴，但争春的桃李已经落寞，让人们兴奋欣喜的是正值花季的牡丹与芍药。

牡丹是我国十大名花之一，号称花王、国色天香。明代李时珍《本草纲目》云："牡丹虽结籽而根上生苗，故谓'牡'，其花红故谓'丹'。"根据学者研究，牡丹原产于我国长江流域和黄河流域的山间或丘岭中，因其颇具药用价值和观赏价值而受到重视，由野生变为家养，至少已有1500多年的历史，种植范围也越来越广，其身影遍及大江南北，尤以鲁、豫、皖、湘、甘、陕、川等省为盛。山东菏泽、河南洛阳、安徽亳县、四川彭州等处更是欣赏牡丹的胜地。

在长期栽培过程中，牡丹不断发生变异，品种越来越多，颜色也越来越丰富，比如根据花瓣层次多少，有单瓣（层）类、重瓣（层）类和千瓣（层）类之别；根据花朵形态，有葵花型、荷花型、玫瑰花型、半球型、皇冠型、绣球型等之分。其色，或红、黄，或白、紫，或粉、蓝，或黑、绿，不一而足。

"谷雨三朝看牡丹。"牡丹一般在谷雨时节开放，所以又名"谷雨花"。从时间上讲，牡丹花开不算早，但它雍容华贵，大雅脱俗，香气馥郁，美妙绝伦，足以冠压群芳，所以明人冯琦称赞说："春来谁作韶华主，总领春芳是牡丹！"清人袁枚也称赞其"果然不愧花王号，独占春风第一天！"

早在隋唐时期，赏牡丹之风[1]就已蔚然兴起。白居易诗“花开花落二十日，一城之人皆若狂”，刘禹锡诗“唯有牡丹真国色，花开时节动京城”，都状描了牡丹如何牵动着唐代人的脚步和目光。此后历朝历代这一风气都绵延不绝。清人顾禄《清嘉录》记载吴地，“无论豪家名族，法院琳宫，神祠别观，会馆义局，植之无间。即小小书斋，亦必栽种一二墩，以为玩赏”。于是，“郡城有花之处，士女游观，远近踵至，或有入夜穹幕悬灯，壶觞劝酬，迭为宾主者，号为花会”。而今天，赏牡丹依然是春季重要的花事活动。花开时节，老少游观，络绎不绝。文人为其折服，写诗吟咏，民间更将其视为富裕、华贵、幸福、美好的象征，许多吉祥画都以牡丹为主角，借以表达富贵美好之意。安徽合肥巢湖银屏山上有千年野生白牡丹一株，独自生长于悬崖峭壁之上，人称神花、

① 民间传说《武则天贬牡丹》话说武则天登皇位后的一年冬天，突然兴致大发，带着妃嫔、宫女到上苑饮酒赏雪。数杯酒后，已有几分醉意，看到梅花一枝独秀，觉得不如百花斗雪竞放更为有趣，于是写诗一首：“明朝游上苑，火速报春知。花须连夜放，莫待晓风吹。”并让宫女焚烧，以报花神知晓。百花仙子得令后，都怕武则天淫威，不敢违命。只有牡丹仙子说：“百花开放，各有节令，开天辟地，四季循从。这样逆天乱地的命令不能从！”

第二天，满园的桃花、李花、玉兰、海棠、芙蓉、丁香果然全部开放，绚丽多彩，煞是好看，武则天大喜，自己不过是“酒后戏言”，没想到百花真的奉旨开放了。但令人气恼的是牡丹竟敢抗旨不开。她越想越火，于是下令：“放火焚烧，一株不留！”霎时，浓烟滚滚，烈焰熊熊，牡丹花圃化成一片焦灰。武则天怒气未消，又令：“连根铲除，贬出长安，扔到洛阳邙山，叫它断种绝代！”没想到牡丹一入新土，就又扎下了根。人们纷纷前来移栽。从此一到谷雨，株株怒放，千姿百态，争奇斗妍。因为这种牡丹在烈火中骨焦心刚，矢志不移，人们遂称它为“焦骨牡丹”，因花红如火，又叫“洛阳红”。

气象花。花极具灵性，花开花谢及数量多寡可以预兆年成的丰歉，民间有“三朵以下干，四至八朵保平安，十朵以上淹”的说法。每年谷雨时节，人们纷纷进山赏花，为一时之盛会。不过近年来开放较早，凋谢也早，似乎已失去“气象花”的灵性。

牡丹花事未了，芍药又已登上春之舞台。芍药虽然不及牡丹雍容大气，但也娇美动人，温柔可爱，故有“花仙”“花相”之称。[1]唐朝诗人王贞白《芍药》诗甚至写道：“芍药承春宠，何曾羡牡丹？”芍药开时，已然是“落尽千花飞无絮”，春天就要转身远去了，所以芍药又称为将离、离草、殿春。人们珍惜春天，难舍难分，春天则用最华美的篇章跟人们说再见。

三、手持七星剑，单斩蝎子精：神事

谷雨天已转暖，各种动物已十分活跃。具有冬眠习性的蝎子，则通常此时出蛰。蝎子，是一种有毒的节肢动物，成年蝎外形状如琵琶，昼伏夜出，它们取食时，用触肢将捕获

① 长篇小说《红楼梦》代表了中国古典小说的最高成就，不但在国内家喻户晓，也是世界文坛上的名著。书中第六十二回写了“憨湘云醉眠芍药裀”的场景：

果见湘云卧于山石僻处一个石凳子上，业经香梦沉酣，四面芍药花飞了一身，满头脸衣襟上皆是红香散乱，手中的扇子在地下，也半被落花埋了，一群蜂蝶闹穰穰地围着他，又用鲛帕包了一包芍药花瓣枕着。众人看了，又是爱，又是笑，忙上来推唤挽扶。湘云口内犹作睡语说酒令，唧唧嘟嘟说：“泉香而酒冽，玉碗盛来琥珀光，直饮到梅梢月上，醉扶归，却为宜会亲友。”

史湘云在宴会上喝醉了酒，沉睡于芍药花丛，这是公认的红楼四大美景之一。在那样的时代，大概只有史湘云这样为人率真、性格豪爽、活泼可爱的女子，才会有如此浪漫动人的举止。

物夹住，后腹部（蝎尾）举起，弯向身体前方，用毒针螫刺。大多数蝎子的毒素足以杀死昆虫，对人则没有致命危险，不过也会引发剧烈的疼痛。所以民间将其视为“五毒”之一，是驱禁的对象。

谷雨禁蝎是流行普遍的习俗，山东莱阳称之为“禁土毒”，山西临汾，俗制用灰酒洒于墙壁，叫“禁蝎”。谷雨禁蝎，最常见的就是在墙壁上贴符。在山西灵石、翼城，禁蝎符上多书写：“谷雨三月中，老君天下空。手拿七星剑，斩断蝎子精。”或者“谷雨日，谷雨时，口念禁蝎咒，奉请禁蝎神，蝎子一概化灰尘。”粘贴于墙壁。又如陕西同官、米脂，也在墙壁上贴压蝎符，词曰：“谷雨日，谷雨晨，奉请谷雨大将军。茶三盏，酒三巡，送蝎千里化为尘。”或者：“谷雨三月中，蝎子到门庭，手执七星剑，先斩蝎子虫。吾奉太上老君急急如律令。”又在周至，多在黄纸小帖的下方绘画蝎形，并在蝎子上方写下“八威吐毒，猛马驷张”几个字，用锥刺之，认为可以除蝎。

陕西凤翔一带的禁蝎咒符，以木刻印制。画上印有咒符，并有“谷雨三月中，蝎子逞威风。神鸡叼一嘴，毒虫化为水”等字样。画面中央是雄鸡衔虫，爪下还有一只大蝎子。雄鸡治蝎的说法早在民间流传，《西游记》第五十五回“色邪淫戏唐三藏性正修持不坏身”中就有公鸡降服蝎子精的精彩描述。[①]赵秦原在《河东民俗——贴谷雨帖》里回忆，20 世纪 30 年代在小学读书时，每年到谷雨节前，大家都会在课余时间画谷雨帖。谷雨帖一般宽 3 寸，长 5 寸，也有四六开、五七开的，特点是诗画相配，上半部分为文，例如："谷雨三月中，蝎子到门庭，我家大公鸡，专吃害人精。"又"谷雨谷雨，蝎子哭哩。哭的为何？公鸡吃哩。"等等。下半部分是画，其内容是雄鸡啄吃蝎子，有的还涂上色彩。画好之后，在谷雨这天，家家户户门上贴一张。该文还提到，有一年谷雨，闻喜县城里的日本鬼子忽然发现一夜之间家家户户的门上都贴上大红公鸡啄食蝎子的帖子，认为大公鸡象征共产党领导下的中国人民，土黄的蝎子是日军，一时间谷雨帖成了共产党、八路军号召人民消灭日寇的宣传画。

在我国一些地方，谷雨有着隆重的祭祀活动，颇值一提。

1. 祭海

俗话说"骑着谷雨上网场"。谷雨时节，春海水暖，百鱼上岸，正是开始下海捕鱼的好时候。渔民常常在此时祭神，以求收获满满，出入平安。山东荣成一带就在谷雨日这天举

---

① 蝎子精住在琵琶洞中，长得是"锦绣娇容，金珠美貌，美若西施还袅娜，软玉温香，肌香肤腻，春葱十指纤纤"。她要与唐僧成亲，将其捉入洞中。悟空、八戒和沙僧前去搭救。但蝎子精骁勇善战，武力高强。孙悟空加猪八戒联合作战，也不过和她打了个平手。后来经观音菩萨指点，悟空找来昴日星官。"只见那星官立于山坡上，现出本相，原来是一只双冠子大公鸡，昂起头来，约有六七尺高，对着妖精叫一声，那怪即时就现了本象，是个琵琶来大小的蝎子精。星官再叫一声，那怪浑身酥软，死在坡前。"

行祭祀活动，从而形成盛大的谷雨节，也被视为渔民出海捕鱼的“壮行节”。

传统社会，捕鱼工具控制在渔行手中，渔民受雇于渔行，所以渔行通常是活动的主办者，举行祭船、祭海、祭海神、犒劳渔民的活动。节前备好祭品，通常包括带皮蜕毛、用腔血抹红的肥猪一口，饽饽十个，营口高粱烧一缸，香烟鞭炮一宗，届时，摆好供品，焚香鸣鞭，面海跪祭。祭毕，在沙滩上铺上门板，渔行老板和渔民席地而坐，共食祭余。出海多有不测风云，此时渔民的母亲、妻子往往心情沉重。在渔民祭海后出海前，她们会默默将一个白面捏就并已蒸熟的小兔子放进儿子或丈夫的怀里，意思是天无绝人之路，打不着鱼没关系，海里不给吃的，就上山去找，只要平安归来就好。中华人民共和国成立后，渔行失去支配地位，谷雨节大规模的祭拜活动一度消失，但祭船聚餐的活动仍然继续。1991 年，政府在传统基础上开办了首届渔民节，于当年谷雨日在石岛管理区大鱼岛村拉开帷幕。2008 年 8 月，荣成市渔民节入选国家级非物质文化遗产名录并更名为“渔民开洋谢洋节”，这不仅提升了当地对谷雨祭海的热情，也引起了更多外地人的浓厚兴趣。

2. 祭仓颉

“谷雨祭仓颉”，是陕西白水县的习俗活动。传说仓颉造字成功，“天雨粟，鬼夜哭”。当时正值旱灾，百姓流离失所，从天上降下的谷子救了众生性命。人们感念仓颉的功德，在他死后，将其安葬在白水县史官镇北，与桥山黄帝陵遥遥相对。所谓“雨粟当年感天帝，同文永世配桥陵”。人们还在仓颉陵西侧修了仓颉庙，每年谷雨节加以祭祀。久而久之，形成庙会。庙会期间，人们从四面八方来到此地，举行隆重庄严的祭祀仪式。

过去，谷雨庙会由白水县洛河以北的百十个村子成立的十大社轮流主持操办。庙会前半个月是清明节，十大社的社长来庙聚会，为仓圣扫墓，并商量当年庙会的过法，为庙会做好初步的准备。庙会前几天，社长带人和住庙和尚一起清扫庙内外，洗刷石碑、匾额、柱石、砖雕等，并聘请当地才华出众的名人题写富有新意的对联，其内容皆为颂扬仓颉功德之辞。这是对庙会空间的净化与装饰。谷雨前两天有“偏赛”的做法，就是执事村到庙中请仓颉神像到村中，为其唱一天两夜的大戏。

谷雨这天，举行祭神大典。仪仗队伍浩浩荡荡，十六支三眼枪在前鸣放开道；十面龙凤飞虎旗、十二面五彩旗、八面开道锣、一副回避肃静牌以及各种武器紧随相跟；还有万民伞、仓圣神楼以及各种供品。大典上要演迎神戏，并上香祭酒，向神灵三叩九拜。庙会期间，还有各种商业贸易和文娱活动。人们在这里看社火、品小吃、听秦腔，为当年的农忙储备着力量。

仓颉庙会是兼具信仰、商贸、娱乐等多种功能的综合性庙会，在当地具有很强的影响力。庙会期间，虽然人员混杂，但基本安全。其原因是当地人都知道“吃了仓圣一粒米，祖祖辈辈还不起”，所以一定要遵纪守规，不做坏事。外地流入的土匪、小偷等，听说仓圣神灵，也不敢轻举妄为。所谓：“不怕白水人，单怕白水神。”新中国成立后，庙会时有时停。十一届三中全会后，为保护文物，庙会移到史官村，形式变成物资交流大会，但仍冠“仓颉庙”三字。最近几年谷雨，官方也在仓颉庙举行大型仪式活动。比如2017年，就举办了由中国公共关系协会、陕西省文化厅、陕西省教育厅、陕西旅游局、渭南市人民政府主办，中国青年报社特邀协办，渭南市文物旅游局、白水县人民政府、陕西白水仓颉文化研究会承办的“丁酉谷雨祭祀仓颉典礼暨2017‘一带一路’年度汉字发布仪式”，反映了从上到下对仓颉贡献的肯定和感激。

3. 祭茶祖

中国是茶的故乡，中国人种茶、用茶的历史源远流长，茶文化发达，并对其他国家和地区产生了巨大影响。陆羽《茶经》指出：“茶之为饮，发乎神农氏。”2009年4月10日，由湖南省人民政府和中国国际茶文化研究会、中国茶叶流通协会、中华茶人联谊会、国际茶业科学文化研究会、中华茶人协会、中国茶叶学会、茶祖神农基金会联合主办的“中华茶祖节暨祭炎帝神农茶祖大典”在炎陵县炎帝陵举行，并发布了《茶祖神农炎陵共识》：公认炎帝神农氏是“茶祖、茶叶始祖”，茶祖神农文化是五千年中华茶文化的源头，是中华民族文化重要组成部分，正式确立每年谷雨节为“中华茶祖节”。自此，中华茶祖节成为茶界一年一度的盛事。

四、阳春三月试新茶，雨前香椿嫩如丝：食事

谷雨时节雨水增多，空气中的湿度逐渐加大，按中医的说法，湿邪容易侵入人体为患，使得胃口不佳、身体不爽、关节肌肉酸重，所以谷雨养生要注意祛湿，食用具有良好祛湿效果的食物，如白扁豆、赤豆、薏仁、荷叶、芡实、冬瓜、陈皮、白萝卜、藕、竹笋、鲫鱼、豆芽等。当然这个季节尝新也很重要。

"阳春三月试新茶。"清明时节采制的明前茶和谷雨时节采制的雨前茶，都是一年之中的茶之精品。色泽翠绿，叶质柔软，富含多种维生素和氨基酸，香气怡人，具有生津止渴、清热解毒、祛病利尿、消食止泻、清心提神的功效，可以有效清除谷雨时节滋生的湿热。[①]谷雨品新茶，传统悠久，相沿成习。早在唐代，诗人陆希声就为谷雨茶写下了美妙的诗篇："二月山家谷雨天，半坡芳茗露华鲜。春醒酒病兼消渴，惜取新芽旋摘煎。"

湖南不少地方有喝谷雨擂茶的习俗。谷雨这天，人们早

---

① 我国茶叶的种类很多，有绿茶、红茶、青茶、黄茶、黑茶、白茶、花茶、药茶等，各有特性，养生要选对茶。比如绿茶有龙井、碧螺春、黄山毛峰、信阳毛尖等，可清心神、涤热、肃肺胃，适用于易上火、性格急躁的人。红茶有滇红、祁红、英红等，可温脾胃，适用于胃寒腹胀的人。青茶即乌龙茶，有铁观音、武夷岩茶、台湾乌龙茶、凤凰单枞等，可消脂减肥、抗氧化、抗癌，适用于肥胖、高血脂的人。黄茶有君山银针、蒙顶黄芽等，可提神助消化、化痰止咳、清热解毒，适用于脾虚消化不良的人。黑茶如普洱茶，可降血脂、助消化、醒酒、解毒，适用于常参加酒宴的人。白茶有银针白毫、白牡丹、贡眉等，性清凉，可退热降火，适用于心火旺盛、经常低烧的人。

早上山采来新鲜的茶叶，用大米、花生、芝麻、生姜等擂制成擂茶，甜润在口，余味无穷，更有延年益寿的功能。俗话说：“喝了谷雨擂茶，饿死郎中他爸。”擂茶不光一家人喝，还讲究亲朋好友、街邻四坊一起喝，大家边喝边聊，既享了口福，又感受了人间的温情。

北方谷雨少见擂茶之举，但有食香椿的习俗。香椿被称为“树上蔬菜”，是香椿树的嫩芽，具有提高机体免疫力，健胃、理气、止泻、润肤、抗菌、消炎、杀虫等多种功效。“雨前香椿嫩如丝”，谷雨前后正是香椿上市的时节，这时的香椿芽香味浓郁，营养丰富。将新鲜香椿用开水焯烫 10 到 15 秒，捞出沥干，切碎，放入大碗中，加入盐、香油，或加一些切碎的肉丁，拌匀即可。鲜嫩翠绿，养眼养神也养胃。香椿芽也可炒鸡蛋，炒虾仁，拌豆腐，还可以裹上蛋糊炸成椒盐香椿鱼，满满都是春天的味道与气息。除了香椿芽，牡丹花芍药花也可食用。明代《遵生八笺》载：“牡丹新落瓣亦可煮食。”现在的人们将牡丹花瓣、芍药花瓣与鸡蛋面粉混和，用油炸成薄饼，堪称美味。

此时的水果，在南方，樱桃能够上市，在北方则有桑葚。宋·欧阳修《再至汝阴》诗云：“黄栗留鸣桑葚美，紫樱桃熟麦风凉。”黄栗留即黄鹂。《燕京岁时记·黄鹂》记载：“黄鹂既鸣，则桑椹垂熟，正合今京师节候。”黄鹂啼鸣，桑葚成熟，过了谷雨，就立夏了……

夏季节气

绿槐高柳咽新蝉。夏，是一年中的第二个季节，是烈日炎炎、蝉声阵阵、绿树成荫、莲叶满池的季节，也是人们汗流浃背、浮瓜沉李的季节。夏季包括6个节气，即立夏、小满、芒种、夏至、小暑、大暑。立夏标志着季节的转换，预示酷暑即将来临。从小满开始，麦子逐渐饱满，但是尚未成熟。芒种是农人们一年中最忙的季节，收获夏熟作物、播种秋熟作物。夏至是二十四节气中最早被确定的节气，夏至过后，真正的酷暑来临。小暑，正是进入伏天的日子，民间有吃伏羊、伏面的习俗。大暑是反映气温变化的节气，此时荷叶莲莲，是盛夏中最美的风景，所以很多地方都有暑日赏荷的习俗。

万物长大春去也：立夏

立夏三候

蝼蝈鸣：蝼蝈鸣叫，夏天来到。

蚯蚓出：蚯蚓爬出地面。

王瓜生：王瓜的蔓藤开始快速攀爬生长[①]。

欲知春与夏，仲吕启朱明。蚯蚓谁交出，王瓜自合生。簇蚕呈茧样，林鸟哺雏声。渐觉云峰好，徐徐带雨行。

——卢相公、元相公：咏立夏四月节

每年公历5月6日前后，当太阳运行至黄经45度时，是为立夏。气温升高，雷雨渐多，人们告别了春天，迎来了夏天。立夏节气预示着季节的转换，是一年四季中由春季转入夏季的日子。

立夏，表示天气热了，酷暑即将来临。《月令七十二候集解》有“立夏，四月节。立字解见春。夏，假也。物至此时皆假大也”，说的即是万物至立夏都开始长大。《月令章句》也有曰：“百谷各以其初生为春，熟为秋。故麦以孟夏为秋。”初夏是麦子成熟的季节，而秋天是谷物成熟的季节，因此古人也称初

① 王瓜，葫芦科，栝（guā）楼属植物。《图经》云王瓜处处有之，生平野田宅及墙垣，叶似栝楼乌药，圆无丫，缺有毛，如刺蔓，生五月，开黄花，花下结子，如弹丸，生青熟，赤根似葛，细而多糁，又名土瓜，一名落鸦瓜，今药中所用也。《礼记》郑玄注曰，即萆挈（bì qiè）。

夏为麦秋。立夏前后，南方地区刚好迎来麦秋时节。

一、做天难做立夏天：农事

古时，人们认为“风起动万物”，所以对每个季节的风都有着细致的观察。《史记·律书》曰：“东北方条风，立春至。东方明庶风，春分至。东南方清明风，立夏至。南方景风，夏至至。西南方凉风，立秋至。西方阊阖风，秋分至。西北方不周风，立冬至。北方广莫风，冬至至。”《吕氏春秋·有始》高诱注曰：“巽气所生，一曰清明风”，和暖的南风或东南风曰清明风，也叫熏风。所以，民间习惯于立夏日观测风向预兆吉祥，据说是日起东风为熏风，年内平安无灾疫。

立夏一到，天气转热，农忙也进入了热火朝天的时节。但是，由于我国地域广阔，各地物质生产和生活也有着不太一样的节奏，所以人们对于立夏天气的适应也有自己的期待。大江南北都是早稻插秧的季节，民谚有曰：“多插立夏秧，谷子收满仓。”江南种茶地区立夏后茶树春梢发育最快，如果稍一疏忽茶叶就会老化，所以要忙着采摘，因此民谚也有“谷雨很少摘，立夏摘不辍”。

立夏前后，是浙江、江西、湖北、四川等地农忙的关键时期，此时天气阴晴直接关系着农作物的生长，所以民间仍然流传着关于立夏时节气候预示作用的农谚：“立夏天气凉，麦子收得强”，说的是天气凉快有益于麦子丰收；“立夏不下，犁耙高挂”，说的是如果立夏这天不下雨，就会造成农作物歉收，农活可能随之减少；“立夏落雨，谷米如雨”，说的是立夏这天下雨有助于农作物生长；“立夏前后连阴天，又生蜜虫又生疸”，说的是如果连阴天的话，会造成农作物病虫灾害；“立夏日鸣雷，早稻害虫多”，说的是立夏这天雷雨的话，早稻会生虫害。由此可见，农人们对于天气的期待和需求已经细致到温度、湿度和连续性等各个方面。吴地也有流传的民歌说出了此时人们对于天气要求之高：“做天难做四月天，蚕要温和麦要寒。种菜哥儿要落雨，采桑娘子要晴干。”种地的想要下雨，养蚕的想要大晴天，人们物质生产的多样性决定了对于自然物候的期待也是有所区别的。

立夏过后，南方地区同时迎来蚕月，民间也有“立夏养蚕忙，秧青大麦黄”的说法。随着立夏的到来，蚕农们开始忙碌起来。《四民月令》中有：“立夏后，蚕大食”——立夏过后正是蚕胃口最好、发育最快的阶段。四川、浙江很多地方的人此时会闭门锁户，专注于蚕事，名曰“蚕禁”或“蚕关门”。清代吴江诗人郭频伽在《樗园消夏录》中说：“三吴蚕月，风景殊佳，红贴黏门，家家禁忌”，蚕农为了防止一切病毒之害，会在蚕室门上贴“育蚕”“蚕月”等红字纸，谢绝社会交往，闭门养蚕，算是此时的禁忌。而在福建有些地方也有立夏杜绝虫害的习俗，是日会在门扇贴上字条，以求避虫害。云南地区很多地方也是使用厌胜的方法避防虫害，比如插皂荚枝或是白杨枝、撒灰等。在云南澄江地区，每年立夏人们要在西龙潭赶一次庙会，并且邀请戏班子，酬谢龙王，祈求风调雨顺、五谷丰登，当地人们称之为“会火”，后来，会火便逐渐演变为澄江人民的立夏节。

二、立夏日，吃补食

立夏是二十四节气中较早确定的节气之一，即“四立”之一。立夏作为一个季节的开始，自古以来也都受到人们的重视。从官方的角度来说，立夏是朝廷十分关注的时节。据史料记载，远在周代，就已形成了一整套完备的迎夏礼仪。据《礼记·月令》记载，每到立夏，周天子都要亲率三公九卿大夫到南郊去迎夏，并举行隆重的仪式，祭祀炎帝与祝融。汉代，迎夏活动承自周代，迎夏大礼中车旗服饰一律赤色，同时要歌《朱歌》、舞《云翘》，以表达对火神的祭祀和对丰收的祈求。到了宋代，仪式更加繁琐复杂。

与官方相比，民间并没有如此繁复的仪式活动，除了农忙和祈求日后丰收的祭祀之外，人们把更多的精力放在享受这一年先到的收获和如何更好地度过炎炎夏日之上。立夏之时，各种蔬果纷纷成熟，成了人们品尝美食的绝好时机，但是与此同时，温度逐渐上升，人们会慢慢觉得烦躁、上火，食欲也有所下降。因此，立夏时节的饮食习俗一般有“尝新”和“防疰夏”的功能和文化意义。

立夏要尝新，即是指吃新下来的应时鲜品。《清嘉录》记载了立夏尝新的盛景：“立夏日，家设樱桃、青梅、�麦，供神享先，名曰立夏见三新。宴饮则有烧酒、酒酿，海蛳、馒头、面筋、芥菜、白笋、咸鸭蛋等食品为佐，蚕豆亦于是日尝新。酒肆馈遗于主顾以酒酿、烧酒，谓之馈节。”

我国北方大部分麦作地区立夏时有制作与食用面食的习俗，面食的种类主要以面饼为基础形成各种各样的吃法。面饼，有甜与咸两种口味，用薄面饼包裹炒熟的豆芽菜、韭菜和肉丝等馅料，放在热油锅里炸到微黄后食用广受人们欢迎。当然，最应景的是夏饼，又称麻饼，有状元骑马、观音送子等各种形状。南方也有部分地区在立夏这天吃面食。闽南地区人们吃虾面，因为虾与夏谐音，而虾熟后会变红，为吉祥之色，以此作为对夏季的祝愿。闽东地区的人们立夏吃“光饼”——一种面粉加少许食盐烘制而成的面食，周宁、福安等地将光饼入水浸泡后制成菜肴，而蕉城、福鼎等地则将光饼剖成两半夹上炒熟了的豆芽、韭菜、肉等食用。上海立夏之日要吃芋头和金花菜合成的煎饼。浙江台州人采苎麻嫩叶煮烂捣浆，拌以麦面粉做成薄饼，裹荤素馅料吃，多少喝点酒，或吃糯米酒酿，也称“醉夏”。

江浙等稻作地区更为流行的立夏食物是糯米饭，主要是以糯米加嫩蚕豆或豌豆、鲜笋和咸肉等做成的豌豆糯米饭，因为是立夏这天食用，所以也称“立夏饭”。旧时，乡间用赤豆、黄豆、黑豆、青豆、绿豆等五色豆掺上白米煮成“五色饭”，含有“五谷丰登”的意思。浙江杭州人立夏会食用乌米饭，用一种乌树叶搓碎后的汤汁和糯米一起浸一晚上，上锅大火蒸熟成为一种紫黑色的糯米饭[①]。还有立夏食“野夏饭”之俗，孩子们成群结队地向邻里乞取米、肉等食材，并采集蚕豆、竹笋，然后到野地里去用石头支起锅灶，自烧自吃，称为吃“野夏饭”。除了饭食之外，作为产茶区，浙江杭州旧时还有立夏日烹新茶馈送亲戚邻居的习俗，又被称为“七家茶”，相传起源于南宋，至今仍然流传于西湖茶乡。明代田汝成《西湖游览志馀·熙朝乐事》有载：“立夏之日，人家各烹新茶，配以诸色细果，馈送亲戚比邻，谓之七家茶。”每逢立夏，新茶上市，茶乡家家烹煮新茶并配以各色糕点馈送亲友邻里。

浙江江山人每年立夏日的清晨时分，会将浸泡过的粳米煮到七八分熟后倒入石臼反复捣捶至细腻柔滑的饭团，再倒入锅内现成的米汤中煮至十分熟，并将早就切好的猪肉丝、豆腐干、小竹笋、鲜豌豆、香蒜心、野生菇、腌榨菜等荤素菜混在一起炒熟倒入粥盘拌匀，名曰“立夏羹”，也叫做“立夏耕”，意在提醒人们莫忘农时。湖南长沙人也吃“立夏羹”，是一种糯米粉拌鼠曲草做成的汤丸。民谚有云：“吃了立夏羹，麻石踩成坑”“立夏吃个团（音为 tuó），一脚跨过河”，意喻力大无比，身轻如燕，这便是在尝新之外又附加了祈愿

① 关于乌米饭的来历，传说是战国时期孙膑被庞涓陷害，关在猪舍，老狱卒用乌饭叶煮糯米捏成一个个呈乌褐色的团子，偷偷送给孙膑吃。孙膑吃后身强体壮，逃出监狱，最终报仇雪恨。那天正值立夏，所以杭州一带流传立夏吃乌米饭的习俗。

身体康健的涵义。具有相同涵义的还有：在立夏这天，浙江湖州山乡的人们去挖石笋，放在炭火中煨熟后蘸些盐、酱油和胡椒粉吃，谓之“健脚笋”；浙江建德的山里人也上山拔野笋，整条放入盐水里泡着吃，谓之“吃健脚笋”；四川山区家家要吃笋。据说吃了健脚笋，可使脚骨康健。湖北通山人立夏吃泡（即草莓）、虾、竹笋，谓之“吃泡亮眼，吃虾大力气，吃竹笋壮脚骨”。

此外，在我国很多地方立夏有吃槐豆的习俗。民间认为，吃槐豆可以壮腰补肾，插秧、耘田时不会吃力。民间也有立夏吃李子的习俗，认为食李美颜，如果把李子榨汁混入酒中喝，能青春长驻，称为“驻色酒”。

当然，立夏最常见的饮食习俗就是吃“立夏蛋”，俗语说：“立夏吃了蛋，热天不疰夏。”人们认为，立夏日吃鸡蛋能经受“疰夏”的考验，平安度过炎热的夏天。因此，小孩子们还有“胸前挂蛋”的习俗。在立夏这一天，妈妈们会挑些鹅蛋、鸭蛋、鸡蛋等，煮熟后用自制的网兜兜着，挂在孩子的脖子上，以祈求孩子在夏季健康成长：“立夏胸挂蛋，孩子保平安。”

为了防止夏天厌食，江苏南京人会食豌豆糕，借以消夏。据《金陵岁时记》称：“立夏，使小儿骑座门槛，啖豌豆糕，谓之不疰夏。乡俗云，疰夏者，以夏令炎热，人多不思饮食，故先以此厌之。”而在上海郊县，人们用麦粉和糖制成寸许长的条状食物，称“麦蚕”，人们认为吃了可以防止“疰夏”。

除了使用厌胜的方法防止疰夏之外，人们还会在立夏这天称称体重，并以此作为日后比较的标准。[1]立夏称人一般分室外、室内两种：室外悬秤于大树上，主要是为老人和孩子称体重，以检验一年的肥瘦；室内则悬秤于屋梁，闺阁女性朋友们互相称量、笑语纷飞，清代诗人蔡云曾描述过这种情景："风开绣阁扬罗衣，认是秋千戏却非。为挂量才上官秤，称量燕瘦与环肥"，虽也是称量体重，但颇有些闺阁游戏的味道。

又是一个酷暑的到来，人们担心着农事的同时，也享受着这一年先到的收获的美好。可是，炎热的天气也给人们造成了困扰，胃口并不会因为尝新变得更好，因为苦夏的时节也即将到来。

最爱垄头麦，迎风笑落红：小满

小满三候

苦菜秀：苦菜枝繁叶茂。

靡草死：细软的草在强烈的阳光下开始枯死[2]。

---

① 立夏称人时兴于南方，据说起源于三国时的蜀国。刘备死后，诸葛亮把阿斗交赵子龙送往江东，请刘备的继室孙夫人带养。这一天正是立夏，孙夫人当着赵子龙的面给阿斗称了体重，悉心养护，到来年立夏再称一次，看体重增长多少。此后便流传开去，成为立夏称人的习俗。

② 《礼记》："草之枝叶而靡细者"，方氏曰："凡物感阳而生者，则强而立；感阴而生者，则柔而靡。"

麦秋至：麦子开始成熟[1]。

小满气全时，如何靡草衰。田家私黍稷，方伯问蚕丝。
杏麦修镰钐，锄瓜竖棘篱。向来看苦菜，独秀也何为？
——卢相公、元相公：咏小满四月中

每年公历5月21日前后，当太阳运行至黄经60度时，是为小满。小满是反映生物受气候变化的影响而出现生长发育现象的节令之一，从小满开始，以麦类为主的夏收农作物的籽粒已经结果并渐渐饱满，但是尚未成熟，所以称之为小满。《月令七十二候集解》有曰：“四月中，小满者，物致于此小得盈满”，说的即是夏收作物至小满都已经结果，即将成熟。

小满时节，除东北地区和青藏高原以外，我国绝大部分地区都进入物候意义上的夏季，农作物生长旺盛，麦浪泛金、榴花似火，到处一派欣欣向荣的夏日风光。

一、黎民望瑞年：农事

小满前后，北方小麦开始黄熟，南方桑蚕开始结茧，为了表达对丰收的祈盼，南北地区此时都有与农事相关的民俗活动。

在民间谚语中，小满的“满”与雨水相连，用以形容雨

① 原为小暑至，后《金史志》改麦秋至。《月令》：“麦秋至，在四月；小暑至，在五月。小满为四月之中气，故易之。秋者，百谷成熟之时，此于时虽夏，于麦则秋，故云麦秋也。”

水盈缺，直接关系着农作物的生长。因此，此时的农人有着各种各样关于天气的期盼与预测，自然都是希望有个丰收的季节。旧时，历书上有这样的记载：“小满甲子庚辰日，定时蝗虫损禾苗”，说的是如果小满遇到甲子或庚辰，到秋收时节就会闹蝗灾，把农夫辛苦一年的劳作全吃掉，所以民间忌讳小满日是甲子或庚辰。

小满时节，北方小麦耕作地区盛行“小满会”，即是人们汇集在一起通过祭祀神灵的方式祈求丰收，其中以河南济源地区的小满会较为盛大。济源小满会是在济渎庙祭祀水神的历史基础上发展而来的，约在小满前后三五天内举行，古时官方有隆重的祭典，也有百姓自发的供奉，并且包括百戏、杂耍等娱乐项目以及货物交易等活动，是国家祭祀与民间信仰结合的节气仪式活动。济源当地人认为麦收的时候如果刮风，麦子会掉落，如果下雨，没有办法割麦，所以要到济渎庙祭祀烧香，祈求无风无雨、收麦顺利。一般来说，济源地区的农人大概在小满会过十天后开始收麦子。济渎庙内祭祀的大神为济渎神，当地人通常称呼“济渎老爷”或是“老渎爷”，神像为睡姿，一般称“睡济渎”。据说，一旦济渎神不睡了，就要发生祸事，就像人们常说关公的眼睛要闭着，一旦睁眼就要杀人一样。济渎神有三位娘娘：主位是神后，执金印，协同掌管人间正事；东边为和济娘娘，执金圭，掌管百姓财产；西边为永济娘娘，执玉拂，负责众生衣食起居。现在的小满会，济渎庙内仍有道士承接法事活动，济渎庙外则是以戏曲表演和商贸活动为主。

在陕西关中地区，小满时节人们有“看麦梢黄”的习俗，即每年麦子快要成熟的时候，出嫁的女儿要到娘家去探望，问候夏收的准备情况。此时，女婿、女儿携带礼品（如油旋馍、黄杏、黄瓜等）去慰问娘家人，有农谚云“麦梢黄，女看娘，卸了杠枷，娘看冤家”，说的就是，夏忙之前女儿去探问娘家的麦收情况，等到忙完之后，母亲再回过头来探望女儿。

与北方小麦耕作地区不同，以丝织业为盛的江南地区则是另一番景象，即所谓“小满动三车”，也就是丝车、油车、田车三车齐动：治车缫丝，昼夜操作；车坊磨油，待以贩卖；用连车递引溪河之水，传戽入田。小满时节，蚕开始结茧了，养蚕人家忙着摇动丝车缫丝，收割下来的油菜籽等待着做成菜籽油，农田里早稻的生长和中稻的栽培等都需要充足的水分，农民们便忙着踏水车翻水。旧时，浙江海宁一带民间还有小满“抢水”习俗，多由年长执事者召集各户确定日期，黎明时分燃起火把，在水车基上吃麦糕、麦饼、麦团，执事者以鼓锣为号，群以击器相和，踏上小河事先装好的水车，数十辆一齐踏动，把河水引灌入田，至河水干方止。

小满开秧门是南方水稻生产的重要农事民俗。小满这一天，很多农户于凌晨便到了田头，拿着纸和香绕田一周，然后在田地四角上礼拜，祈求风调雨顺、五谷丰登。有些地方开秧门如同办喜事一样，农家会买鱼称肉做豆腐，以丰盛的饭菜招待来帮助插秧的人。开秧门，象征着一年农事的正式开始，所以有很多禁忌：插第一行秧时忌开口，认为开了口以后要伤筋；在合拢处要留缺口，也就是留秧门；下田拔秧时，左脚先下，先拔两三根秧苗，用其根须擦手指，否则会发“秧风”；不能随便传递秧把，认为这样做会使两人之间产生矛盾，必须把秧丢在水田中再拣起；抛秧时不能把秧抛在别人身上，若被甩中，俗称“中秧”，即为遭殃。

小满前后，也正是春蚕吐丝结茧的时期，相关祭祀许多都集中于此时，其中尤以江苏盛泽蚕神祭祀和小满戏最为出名。

盛泽先蚕祠始建于清道光年间，是由当地蚕业公会出资兴办的，祠内供奉着轩辕、神农与螺祖。据传，小满这天是蚕花娘娘嫘祖的生日，因此盛泽坊间会举办隆重的庆典，小满戏也就应运而生。民国年间，沈云所作《盛湖竹枝词》便有曰：“先蚕庙里剧登场，男释耕耘女罢桑。只为今朝逢小满，万人空巷斗新妆。”

按照传统，小满戏一般要唱满三天，第一天为昆剧，正日及后一日为京剧，均邀请江南名班名伶登台，剧目一般都是祥瑞戏，带有“私”“死”等与“丝”谐音的剧目严禁上演。茅盾主编《中国的一日》书中收录有其所写的《盛泽的小满戏》一文，其中写道：“据说丝行的祖先，蚕花娘子是其中之一，他们要纪念这蚕花娘子，并且希望蚕花娘子保佑四乡农民所养的蚕有丰满的收成，所以有这种迷信举动，但是他们一半是为自己的利益着想，一半是想盛泽整个绸市的发展，因为蚕的收成一好，丝业和绸业在经营上比较顺利一点。”2007年，吴江市人民政府公布小满戏为第一批吴江市级非物质文化遗产名录项目；2009年，苏州市人民政府公布其为第四批苏州市级非物质文化遗产名录项目。

二、采苦采苦，首阳之下：饮食

小满节气的到来往往预示着夏季闷热的天气即将来临，也是阳气最为旺盛的节气之一，人体的生理活动达到最盛时期，消耗的营养物质也为四季中最多的，因此应及时适当补充能量，才能使身体五脏六腑不受损伤。

小满前后是吃苦菜的时节。苦菜是中国人最早食用的野菜之一，《周书》曰："小满之日苦菜秀。"《诗经》曰："采苦采苦，首阳之下。"苦菜味感甘中略带苦，可炒食或凉拌，李时珍称它为天香草，《本草纲目》记曰："久服，安心益气，轻身、耐老。"在明代的《救荒本草》中，苦菜的吃法是采苗叶炸熟，用水浸去苦味，淘洗净，油盐调食。据说，当年苦守寒窑十八年的王宝钏便是靠苦菜活命[①]。

苦菜分布很广，除宁夏、青海、新疆、西藏和海南岛外，全国各地均有分布，也有着各种各样的名称，山东人叫"蛇虫苗"，宁夏人叫"苦苦菜"，陕西人叫"苦麻菜"。红军

---

① 王宝钏，戏曲故事中的人物。戏传唐懿宗时期朝中宰相王允的女儿，不顾父母之言，下嫁贫困的薛平贵为妻。被父母赶出家门。薛平贵入伍后，王宝钏独自一人在寒窑中苦度十八年。后来薛平贵成为朝廷功臣，将王宝钏接入府中，夫妻团聚。

长征途中也曾以苦菜充饥，民间有歌谣曰：“苦菜苦，花儿黄，又当野菜又当粮，红军吃了上战场，英勇杀敌打胜仗。”

小满时节，有的地方还有吃油茶面的习俗。此时，新麦刚熟，人们会把已经成熟的小麦磨成新面，然后放入锅内，微火炒成麦黄色，再将黑芝麻、白芝麻等炒出香味，核桃炒熟剁成细末倒入炒面中拌匀，然后放上适量的白糖和糖桂花汁或是根据自己的喜好加入盐或其它调味品食用。

小满前后，人们吃的另外一种节令食品俗称“捻捻转儿”。这个时间段落里，田里的麦子籽粒日趋饱满，人们便把硬粒还略带柔软的大麦麦穗割回家，搓掉麦壳，然后炒熟，将其放入石磨中磨制出缕缕面条，再加入黄瓜、蒜苗、麻酱汁、蒜末等，就做成了清香可口的“捻捻转儿”。因为“捻捻转儿”又与“年年赚”谐音，寓意非常吉祥，所以很受人们的喜爱。

家家麦饭美，处处菱歌长：芒种

芒种三候

螳螂生：螳螂卵感受到阴气初生破壳生出了小螳螂。

鵙（jú）始鸣：伯劳鸟开始在枝头出现，并且感阴而鸣[1]。

---

① 鵙，百劳也，《本草》作博劳；朱子《孟》注曰：博劳，恶声之鸟，盖枭类也。曹子建《恶鸟论》：百劳以五月鸣，其声鵙鵙然，故以之立名，似俗称浊温。故《埤雅》禽经注云：伯劳不能翱翔，直飞而已。《毛诗》曰：七月鸣鵙。盖周七月夏五月也。

反舌无声：喜欢学习其他鸟叫的反舌鸟停止了鸣叫。

芒种看今日，螳螂应节生。彤云高下影，鴳鸟往来声。
渌沼莲花放，炎风暑雨情。相逢问蚕麦，幸得称人情。
——卢相公、元相公：咏芒种五月节

每年公历 6 月 6 日前后，当太阳运行至黄经 75 度时，是为芒种。芒种是夏季的第三个节气，表示仲夏时节的正式开始。

“芒”指麦类等有芒植物的收获，“种”指谷黍类作物的播种，《月令七十二候集解》有曰“五月节，谓有芒之种谷可稼种矣”，意思就是有芒的麦子快收，有芒的稻子快种。此时，小麦、大麦等夏熟农作物饱满成熟，可以开镰收割，其他的秋熟农作物可以进行播种了。

芒种时节雨量充沛，气温显著升高，长江中下游地区先后进入梅雨季节，除了青藏高原和黑龙江最北部的一些地区之外，大部分地区的人们都已经能够体验到夏天的炎热。

一、芒种芒种，连收带种：农事

芒种时节，是我国农业生产最为繁忙的季节。芒种一到，夏熟作物要收获，秋熟作物要播种，春种作物要管理，一年之中的忙碌此时最甚，所以民间有谚曰“芒种芒种，连收带种”。

时至芒种，全国各地都是一片农忙的景象：福建是“芒种边，好种籼，芒种过，好种糯”；陕西、甘肃、宁夏是“芒种忙忙种，夏至谷怀胎”；江西是“芒种前三日秧不得，芒种后三日秧不出”；贵州是“芒种不种，再种无用”；江苏是“芒种插得是个宝，夏至插得是根草”；山西是“芒种芒种，样样都种”；四川、陕西是“芒种前，忙种田；芒种后，忙种豆”，等等。从这些农谚可以看出，全国各地的农人们都热火朝天地忙活着各自的活计。

由于农耕的缘故，芒种时节的天气直接关系着农作物的生长。所以，除了表达农忙的谚语，各地也都流传着预测今后天气乃至收成的民谚。广东地区：“芒种夏至是水节，如若无雨是旱天”；湖南地区：“芒种刮北风，旱情会发生”“芒种打雷年成好”；福建地区：“芒种夏至常雨，台风迟来；芒种夏至少雨，台风早来”；河南地区：“芒种晴天，夏至有雨”“芒种有雨，夏至晴天”；陕西地区：“芒种闻雷美自然”；江苏、河北地区：“芒种刮北风，旱断青苗根”；江西地区：“芒种雨涟涟，夏至旱燥田”；安徽地区：“芒种西南风，夏至雨连天”，等等。从上面这些农谚看来，大部分地区芒种时节还是以多雨为主，这也是夏天的气候特征。

在我国江南地区，此时进入梅雨季节，空气湿度大、气温高，庄户人家存放的物品极易长毛发霉，所以不少地方也把梅雨称为“霉雨”。而与梅雨相关的民间谚语也是劳动人民在生产实践中的经验积累：或以冬春季节的风向预测芒种节气的降水，如“三九欠东风，黄梅无大雨”“行得春风，必有夏雨”；或用冬春季节里的雨水预测梅雨的多寡，如“雪腊月，水黄梅”“寒水枯，夏水枯”“发尽桃花水，必是旱黄梅”，等等。

芒种时节，在中国这样一个地博物广的传统农耕国度中还会出现一个极为特殊的人群——“麦客”。“麦客”，是旧时对夏收季节外出帮人割麦者的称呼，主要是从关中西北部、甘肃、宁夏一带前往河南、陕西赶场帮忙。因为气候关系，小麦由东向西成熟，即陕西农谚所谓之“夏东黄，秋西黄”。“麦客”在自家麦子尚未成熟时，成群结队到河南，而后由陕西东部渐次向西为当地农民收割麦子，待到外地麦子割得差不多了，家乡麦子也该收获了，他们再回家去割自家的麦子。《清诗纪事·麦客行》诗前自序有曰：“客十九籍甘肃，麦将熟，结队而至，肩一袱、手一镰，佣为人刈麦。自同州而西安，而凤翔、汉中，遂取道阶、成而归。……秦人呼为‘麦客’。”有人认为，“麦客”是我国西部最早、最原始的劳务输出，相沿了五百余年。

二、江南梅子黄时：饮食

初夏时节，正是梅子采食之际。梅，很早就是作为调味品出现在古时生活中的。《尚书·说命》：“若作和羹，尔惟盐梅。”本意是说盐多则咸、梅多则酸，只要盐梅搭配，就能成为“和羹”，借用来比喻君臣之间齐心协力治理国家的和谐关系。《大戴礼记·夏小正》中也有：“五月……煮梅，为豆实也。”《夏小正》是历书，此处说的是五月农事——煮梅，即是蒸煮晒制梅干。梅子，成为人们日常生活中常见的食材，可食亦可饮。

每年五、六月是梅子成熟的季节，果实酸脆，人们乐于食用。宋代诗人陆游有“生菜入盘随冷饼，朱樱上市伴青梅”（《小雨云门溪上》）、“下豉莼羹夸旧俗，供盐梅子喜初尝”（《东园小饮》）、“小穗闲簪麦，微酸细嚼梅”（《初夏幽居杂赋》）等诗句，梅子或伴樱桃等食用，或蘸盐单吃，是初夏时节典型的时令风味果品。

人们日常以腌梅食用最为普遍，腌制后的卤汁称“梅卤”。成熟的黄梅去核搅碎，或经晒干贮存，用时掺水并加糖或盐，则称“梅酱”。梅卤、梅酱也是制作酸梅汤的主要原料。酸梅汤是旧时人们的解暑饮料，清代郝懿行《证俗文》说“今人煮梅为汤，加白糖而饮之。京师以冰水和梅汤，尤甘凉”，说明那时候的京城已有冰镇的酸梅汤。

当然，食用青梅最常见的方式还是佐酒。《三国演义》中，曹操曾与刘备“青梅煮酒论英雄”，是大家所熟知的故事。所谓“青梅煮酒”，其实说的是青梅与煮酒两种时令风物。苏东坡有《赠岭上梅》诗云：“梅花开尽百花开，过尽行人君不来。不趁青梅尝煮酒，要看细雨熟黄梅。”煮酒，原指烧煮过的酒，是酿好后装瓮蒸煮杀菌、封存数月后再开封饮用的酒。煮酒一般在腊月酿封，来年初夏开坛，而此时正是青梅采摘的时节。后来，黄酒之名兴起，煮酒之名演变为动词。

梅子黄熟，江南地区便进入了梅雨季节。梅水是适合泡茶的好水，旧时民间习惯蓄黄梅季节的雨水，留下烹茶。明代《食物本草》记载："梅雨时，置大缸收水，煎茶甚美，经夜不变色易味，贮瓶中，可经久。"

三、节序届芒种："安苗节""开犁节"与"打泥巴仗节"

芒种时节，主要是农耕生活的时序节点，除了收种农作物之外，有些地区的人们还会举行相应的娱神和娱人的节日活动，使得人们的生活更加多姿多彩。

安苗习俗是流行于皖南的农事习俗。每到芒种时节种完水稻，为祈求秋天有个好收成，家家户户都要举行安苗的祭祀活动，也就是用新麦面蒸发包，把面捏成五谷六畜、瓜果蔬菜等各种形状，然后用蔬菜汁染上颜色，作为供品，祭祀神灵汪公[1]，祈求五谷丰登。皖南的安苗节一般需要三天时间：第一天，三四十名村民抬着龙椅，携带锣鼓、龙凤彩旗、爆竹等到庙敬香，然后将汪公大帝抬上龙椅，在一片锣鼓喧天、彩旗招展的氛围之中将汪公大帝接走。第二天，上午八时左右，村民把事先准备好的、写着"风调雨顺""国泰民安""五谷丰登"等的各色三角小纸旗铺在汪公大帝面前，另有十余人把猪和羊赶上山顶。吉时一到，爆竹、锣鼓震天响，有人扯

---

① 关于汪公的来历：隋朝末年，烽烟四起。唐武德四年农民起义头领汪华为顾大局保一方平安，将占据的歙、杭、宣等六州上表归唐，受到唐高祖表彰，被封为越国公，后奉命进京受封为忠武将军。唐贞观二十三年，汪华不幸病故长安，享年六十四岁。汪华从民到官，为官清正，造福一方，深得百姓爱戴，受到唐太宗及历代皇帝追封，"生为忠臣，死为明神"，六州各地均立庙祭祀，尊其为汪公菩萨、汪公大帝或花朝老爷。

着猪和羊耳朵从山顶倒拖至山下，鞭炮声、锣鼓声、猪羊的嚎叫声和人们的呼喊声混成一片，当地人称“呼龙”，意思是将龙神唤醒。第三天，每家每户给汪公大帝送行，必须从村里的大路沿街而下，依然是鞭炮轰响。

浙江云和县梅源山区在芒种当天举办“开犁节”，所谓“开犁”指的是指年初首次犁地的仪式活动，其来自启动夏种的地方传统民俗。云和地区为梯田，处高山地区气温偏低，因此开犁仪式选择在每年的芒种时节举行，预示着农忙季节已经开始，并借以祈求丰收。一般来说，云和“开犁节”有一整套固定的仪式规程，主要包括鸣腊苇[①]、吼开山号子、芒种犒牛[②]、祭神田、分红肉、鸣礼炮、开犁、山歌对唱等活动，如今已经成为当地农耕文化的重要仪式活动。

贵州东南部一带的侗族青年男女，每年芒种前后，也就是要分栽秧苗的时刻，都要举办“打泥巴仗节”。侗族的传统习惯是姑娘婚后一般先不住夫家，只有农忙和节庆时才来夫家小住几天。因此，当夫家定下分栽秧苗的日子后，就会邀集一些青年前来帮忙，并由新郎的姐妹去迎接新娘及其邀请的女伴回来共同插秧。新娘在前一天来时，带有一担五色糯米饭和一百个煮熟的红色鸡蛋。当天，男女青年汇集一起，

① 鸣腊苇，当地的一种演奏乐器。

② 当地人认为牛是天庭的司草官，因为同情人间饥荒，偷偷播下草籽，但结果导致野草疯长，农田被野草淹没使农人无法耕种。上天为了惩罚牛，指令其下凡犁田，直至今日。

既进行分插秧苗的劳动，同时也是社交和娱乐的时刻。秧田插完后，小伙子们会借故往姑娘们身上甩泥巴，姑娘们也予以还击，互相投掷。身上泥巴最多的，往往是受对方青睐的人。节后返回娘家时，夫家姐妹要以更多的五色糯米饭和红蛋送行。

阴阳争，死生分：夏至

夏至三候

鹿角解：鹿角开始脱落[①]。

蜩始鸣：知了在夏至后因感阴气鼓翼而鸣。

半夏生：半夏在仲夏的沼泽地或水田中生出。

处处闻蝉响，须知五月中。龙潜渌水坑，火助太阳宫。遇雨频飞电，云行屡带虹。蕤宾移去后，二气各西东。

——卢相公、元相公：咏夏至五月中

每年公历6月21日前后，当太阳运行至黄经90度时，是为夏至。一年之中，夏至日太阳高度角最高，阳光直射北回归线，夏至日也是北半球一年中白昼最长、夜晚最短的一天，所以又称日长至。

① 麋与鹿属同科，但古人认为二者分属一阴一阳。鹿的角朝前生，所以属阳。夏至日阴气生而阳气始衰，所以阳性的鹿角便开始脱落。而麋烂因属阴，所以在冬至日角才脱落。

夏至是二十四节气中最早被确定的节气，古人采用土圭测日影的方法确定了夏至。《月令七十二候集解》记曰："五月中，夏，假也，至，极也，万物于此，皆假大而至极也。"《三礼义宗》释曰："夏至为中者，至有三义，一以明阳气之至极，二以明阴气之始至，三以明日行之北至，故谓之至。"夏至过后，阳气消减，阴气上升，太阳直射点逐渐向南移动，正午太阳高度也开始降低，北半球白昼逐渐变短，民间有"吃过夏至面，一天短一线"的说法。

夏至时节，天气湿热，多雷阵雨，此时节长江中下游地区正处于"梅天下梅雨"的梅雨期。进入夏至，炎热的夏天已经到来，但却依然不是最热的时候。俗话说："不过夏至不热"。夏至过后，气温在一段时间内还会持续升高，大约在二三十天内，气温达到最高，真正来到酷暑时节。

一、到了夏至节，锄头不能歇：农事

夏至时节，依然处在夏收、夏种、夏管的农忙季节。"进入夏至六月天，黄金季节要抢先"，人们要抢收小麦，又要及时抢插水稻秧。

"关秧门"是在夏至前后进行的农耕民俗活动。关秧门要求进行得顺利，一定要下午未时末结束。农人种好最后一亩田后，会在田的四角栽下整个秧，一来留作稻田补种之用，二来表明这季种田已完成，同时念叨"秧早返青发蓬，日后收谷无处藏"或"种田直直，稻大有力；种田弯弯，满田是谷”之类的吉利话。此外，农人们不能把秧带进村里，更不许带进家里，因为“秧”与“殃”同音。关秧门后，农人一般都要安排歇息一两天，再投入田间农事活动。而且夏天天气变化较复杂，可能会有持续高温、暴雨等灾害，要时刻做好抗御自然灾害的准备。此外，“夏至农田草，胜如毒蛇咬”，这个时节的杂草也极易生长，会与庄稼争夺水肥，因此要抓紧时间除草。

旧时，夏至是一年“四时”之一，民间常以这一天的天气占验农作物的收成。如夏至在农历月末或夏至日有雷雨，那是歉收之兆。湖南有民谚曰“夏至有雷，六月旱；夏至逢雨，三伏热”，因而忌夏至日打雷下雨，这样三伏天会干旱。而在河南一带，人们忌讳夏至这天在农历五月末，因为人们认为“夏至五月头，不种芝麻也吃油”，说明其他庄稼长得好，丰收了；“夏至五月终，十个油坊九个空”，表示会歉收、萧条，整个年景都不好。此外，农人还把夏至到小暑之间的十五天分成头时（或称上时，三天）、二时（或称中时，五天）和末时（七天）三段，称为“三时”，忌二时（或称中时）、末时打雷下雨，认为会影响收成，甚至带来水灾。夏至到秋收，是庄稼生长的关键时期，农民们总是小心谨慎地度日，很怕得罪了上天，有损当年的收成。所以从这天起，他们不能说诅咒别人的坏话，也不剃头。

江苏一带的农民也把从夏至半个月分成三段：前七天称为“头莳”，后五天为“二莳”，再三天为“三莳”，当地农谚说“头莳勿抢，二莳勿让，三莳请人带”，意思是头莳插秧，不要抢早，二莳插秧，不要落后，三莳插秧，找人帮忙，不可延误。

夏至后的第一个辰日为分龙日。民间观念认为，一年之中负责降雨的赤、黄、青、白、黑五位龙王有分有合。秋收开始至第二年春种这段时间里，因为降雨忙碌了一年的龙王们都会潜入地下冬眠，第二年春耕前，龙王们醒来便各主一路，去自己的辖区行云布雨，于是便将五龙分开的日子统称为“分龙”。分龙日宜雨，晴则兆旱，因此旧时人们会敲击盆盂等充当锣声，祈祷龙至而雨。

分龙也是我国少数民族毛南族、畲族的传统节日。毛南族居住在黔桂边界的大石山区，人们认为每年夏至后的头一个时辰是水龙分开之日，水龙分开就难得风调雨顺，所以家家户户都会蒸五色糯米饭并于田间祭祀，祈求风调雨顺，五谷丰收。福建东部地区的畲族信仰龙王，为防止“龙过山”损坏庄稼，便在作物落土后进行分龙，以祈求龙王不作水患，保佑丰收。

二、夏至食个荔，一年都无弊：饮食

夏至阳气最旺、积阴初起，《伤寒论》中说：“夏至之后，一阳气下，一阴气上也。斯则冬夏二至，阴阳合也。”所以人们要顺应阳盛于外的特点，这个时节的吃食以清淡、易消化为主。

炎夏之际，人们一般会食欲不振，俗谓“苦夏”。此时，人们会慢慢开始改变饮食，以清凉的食品为主，凉面通常为一般家庭的首选，清代潘荣陛《帝京岁时纪胜》记曰：“是日，家家俱食冷淘面，即俗说过水面是也。乃都门之美品。向曾询及各省游历友人，咸以京师之冷淘面爽口适宜，天下无比。谚云：‘冬至馄饨夏至面。’”夏至吃面流行于全国大部分地区，北方一般吃打卤面和炸酱面，南方一般吃阳春面、干汤面、三鲜面等。

除了吃面之外，江南地区也会吃麦粽，唐代诗人白居易有一首《和梦得夏至忆苏州呈卢宾客》中写到了苏州夏至的节气食俗，其中即有粽子：

忆在苏州日，常谙夏至筵。粽香筒竹嫩，炙脆子鹅鲜。
水国多台榭，吴风尚管弦。每家皆有酒，无处不过船。
交印君相次，褰帷我在前。此乡俱老矣，东望共依然。
洛下麦秋月，江南梅雨天。齐云楼上事，已上十三年。

后来，很多地方志中也记载了人们夏至吃粽的习俗，比如，明正德《姑苏志》记载苏州人：“夏至作角黍，食李以解疰夏疾。”这里的角黍即是粽子。不过，后来粽子成为处在芒种与夏至之间的一个重要节日——端午的时令食物，人们对于夏至吃粽的习俗也就不再熟悉了。

夏至时节，浙江有些地区做醮坨，由米磨粉，加韭菜等佐料煮食，俗称“圆糊醮”，民间有谚云：“夏至吃了圆糊醮，踩得石头咕咕叫。”除了食用之外，很多农户还会将醮坨用竹签穿好，插于每丘水田的缺口流水处，并燃香祭祀，以祈愿丰收。

夏至吃狗肉也是一些地区很流行的节气习俗，人们认为吃狗肉可以辟邪。清代倪鸿有一首《广州竹枝词》写道：“东风开尽木棉花，鲜菌初生笋吐芽。怪底年年逢夏至，市中屠狗有生涯。”在我国，食狗肉的历史很早。商周时期，狗肉是只有贵族才能享用的食物，多出现在周天子宴会的菜单上；春秋战国时期，普通人也开始吃狗肉。战国时期的刺客聂政、高渐离，以及秦末的樊哙都当过“狗屠”，靠杀狗为生。而夏至吃狗肉的习惯也被认为是由此开始。据说，春秋时期，秦德公即位的第二年六月酷热，瘟疫流行，秦德公便按“狗为阳畜，能辟不祥”之说，命令臣民杀狗避邪，后来形成了夏至杀狗的习俗。秦汉是吃狗肉的鼎盛时期，马王堆汉墓出土的简书上，有羹、胁炙、肝炙等各种名目。从隋唐时期起，主要肉食已是猪羊肉，狗一般作为宠物来饲养，苏东坡便曾质问杀狗者，“（狗）死犹当埋，不忍食其肉，况可得而杀乎？”宋徽宗属狗，便开始严令禁杀狗、食狗，还专门拨款鼓励举报违禁者。后来，夏至吃狗肉和荔枝主要成为我国岭南一带的习俗。据说夏至日的狗肉和荔枝合吃不热，有“冬至鱼生夏至狗”之说，民间也有“夏至狗，没路走”的俗语，意思就是夏至这天许多狗被杀掉，没路可逃。

三、宵漏自此长：休闲生活

旧时，由于夏至时分的天气极热，皇帝便会在夏至日颁冰，赏赐下臣，以解暑气，唐代杜佑《通典》云：“夏颁冰掌事，暑气盛，王以冰颁赐，则主为之。”普通老百姓也很重视夏至，其重要的活动自然也是消暑。清代韩鼎有一首《历阳竹枝词》写道：“夏至齐夸日最长，牧童锣鼓闹丁当。炒焦蚕豆新烧酒，爆竹喧轰正夕阳。”这里描述的正是，夏至日孩子们成群结队用敲鼓打锣的方式度过炎炎夏日的生活，俗称“打夏”。据考，晋代私塾在六月六日开始放假，夏至之时的儿童们很可能处在现代意义的暑假之中。

旧时的夏至日，闺阁之间会互相赠送折扇、脂粉等物件。唐代段成式《酉阳杂俎·礼异》曰：“夏至日，进扇及粉脂囊，皆有辞。”《辽史·礼志》也记载：“夏至之日，俗谓之‘朝节’，妇人进彩扇，以粉脂囊相赠遗。”所谓“朝节”即互相赠送礼物，人们互相赠送寓意消夏避暑的礼物，以示对于节气转换的重视。

为了度过炎热的夏季，人们在夏至日也会“数九”：

消夏相传消九九，只愁暑气未全收。最宜六月初三雨，阵阵风凉到立秋。

俗但知九九消寒，不知九九消夏。盖自夏至日始也。周遵道《豹应记谈》云：“一九二九，扇子不离手。三九二十七，吃茶如密炙。四九三十六，争向路头宿。

五九四十五，树头秋叶舞。六九五十四，乘凉不入寺。七九六十三，夜眠寻被单。八九七十二，被单添夹被。九九八十一，家家打灰基。”谚云：“六月初三得一阵，阵阵风凉到立秋。”

清代金武祥这首《江阴竹枝词》里记述的正是江苏地区从夏至日开始数九消夏的习俗。跟冬天数九一样，人们在夏天也以这样的方式度过因为气候变化而带来的不适。

四、荐麦鱼于祖祢：祭祀

夏至，作为二十四节气中最早被发现和记录的节气，在古时有着十分重要的时序意义。夏至时值麦收，自古以来有在此时庆祝丰收、祭祀祖先之俗。因此，夏至作为节日，也被纳入古代礼典。汉代蔡邕《独断》记曰“夏至阴气起，君道衰，故不贺”，说明夏至阴气生，是一个需要避忌的日子，因为阴气的滋生往往意味着鬼魅力量的增长，所以人们往往要用五色桃木装饰门来避各种灾祸。而此后历代的夏至日，朝廷官员一般都有假期，可以回家休整。

《周礼·春官》有曰“夏日至，于泽中之方丘奏之，若乐八变，则地示皆出，可得而礼矣”，可以消除疫病、荒年与死亡。《史记·封禅书》载：“夏日至，祭地祇。皆用乐舞，而神乃可得而礼也。”至清代，夏至大祀方泽仍为国之大典，一般于地坛举行祭祀仪式，企盼风调雨顺、国泰民安。一般认为：夏至新麦成熟，天子此时应祭祀太宗。因为麦是粮食中最早生的，而宗是家族中最原始的，这是表示天子尊重血缘之始和追思死去的先人。

除了官方祭祀之外，民间也有自己专属的夏至祭祀习俗。《四民月令》有曰："夏至之日，荐麦鱼于祖祢，厥明祠冢。前期一日，馔具，齐，扫滌，如荐韭卵。"《荆楚岁时记》说夏至节这一天，取菊花研成粉末，用来防止小麦虫害。明清地方志反映出民间在夏至举行秋报、食麦、祭祖等活动，如嘉靖河北《威县志》"夏至，村落各率长幼以祭，名曰麦秋报"，感谢天赐丰收；万历安徽《滁阳志》："夏至日食小麦、豌豆、郁李，戴野大麦一日，具疏食祀天神，人家多不荤。"以上都是夏至日祭神祀祖的记载，取使其尝新麦之意。如今，在江苏很多地方，人们仍以新收获的米麦粥祭祖，让祖先尝新，而在浙江会稽一带则用面食祭祖。此外，浙江东阳的农民要置办酒肉，祭祀土谷之神，还要用草扎成束，插在田间祭之，叫做"祭田婆"。

散热由心静，凉生为室空：小暑

小暑三候

温风至：温热之风至此而盛。

蟋蟀居宇：蟋蟀离开田野，躲到庭院的墙角下避暑。

鹰始鸷：老鹰开始在更加清凉的地方活动。

倏忽温风至，因循小暑来。竹喧先觉雨，山暗已闻雷。

户牖深青霭，阶庭长绿苔。鹰鹯新习学，蟋蟀莫相催。

——卢相公、元相公：咏小暑六月节

每年公历7月7日前后，当太阳运行至黄经105度时，是为小暑。小暑来到，表示季夏时节正式开始。

小暑是炎热的日子，但还没到最热。《月令七十二候集解》记曰："暑，热也，就热之中分为大小，月初为小，月中为大，今则热气犹小也。"民间也有"小暑接大暑，热得无处躲。""小暑大暑，上蒸下煮"的说法。小暑开始，江淮流域梅雨季先后结束，南方大部分地区进入雷暴最多的季节，淮河、秦岭一线以北的广大地区降水明显增加，而长江中下游地区则一般为高温少雨天气。

一、黄梅倒转来：农事

小暑时节气温高、雨水丰富、阳光充足，是万物生长最为繁盛的时期。因而农民多忙于夏秋作物的田间管理，农谚有曰："小暑进入三伏天，龙口夺食抢时间。玉米中耕又培土，防雨防火莫等闲。"除此之外，盛夏高温也是多种害虫盛发的季节，要注意适时防治病虫。南方大部分地区，此时期常出现雷暴天气，要适当防御雷暴带来的危害。

古时，人们会在小暑这天占验气候以了解未来的年景，因此积攒下了很多关于气候预测的认识："小暑南风，大暑旱"，意思是小暑若是吹南风，则大暑时必定无雨，就是说小暑最忌吹南风，否则必有大旱；“小暑打雷，大暑破圩”，意思是小暑日如果打雷，必定有大水冲决圩堤，要注意防洪防涝。

在我国长江中下游地区，小暑这个时节还有一个特殊的气候现象——“倒黄梅”，民谚有曰：“小暑一声雷，倒转半月做黄梅。”“小暑雷，黄梅回；倒黄梅，十八天。”“倒黄梅”，指的是进入盛夏已数日，长江中下游已具盛夏特征后又再转入具有梅雨特点的天气，而江南地区小暑时节的雷雨常是“倒黄梅”的天气信息。《上海县竹枝词》有曰：“惊人小暑一声雷，倒转黄梅雨又来。六月热须宵露重，田中五谷结珠胎。”记载了这个时间的几种天气与农作物之间的关系：小暑打雷，有倒黄梅；六月不热，五谷不结。所以人们期待这个时候昼凉宵热，有益于农耕生活。

当然，如果遇到不好的天气，人们便会停止一些工作。比如，民谚有曰：“小暑西南风，三车勿动。”三车是指油车、轧花车、碾米的风车。小暑前后，西南风和东南风的交汇机会多，年景不好，农作物会歉收，油车、轧车和风车都不动了。而入伏以后，因暴雨形成的洪水称为“伏汛”。伏汛会对蔬菜和棉花、大豆等旱作物造成不利影响。“小暑无雨，饿死老鼠”，意思是说小暑日不下雨，整个夏暑就缺少雨水，秋季的收成一定不好，连老鼠都会被饿死。

二、头伏饺子二伏面，三伏烙饼摊鸡蛋：饮食

“热在三伏”，小暑正是进入伏天的开始[①]。“伏”即伏藏的意思，所以人们应当少外出以避暑气。《汉书·郊祀志》中有注云：“伏者，谓阴气将起，迫于残阳而未得升。故为藏伏，因名伏日。”意思是“伏”就是炽热中暗暗隐藏了阴气的意思，是一种比较危险的气候。此时，正是阴起阳降的时候，阳气减损、阴气上升，气温极热。

伏日吃肉的习俗古已有之，《史记·秦本纪》云：“德公二年（公元前 676 年）初伏，以狗御蛊。”也就是说，秦人进入伏天时，通过吃肉强身健体，用以防暑和驱疾。《汉书·东方朔传》记载了皇帝伏日赐肉的故事：在一个三伏天，武帝诏令赏肉给侍从官员。大官丞到天晚还不来分肉，东方朔独自拔剑割肉，对他的同僚们说：“三伏天应当早回家，请允许我接受皇上的赏赐。”随即把肉包好怀揣着离去。大官丞将此事上奏皇帝。东方朔入宫，武帝说：“昨天赐肉，你不等诏令下达，就用剑割肉走了，是为什么？”东方朔摘下帽子下跪谢罪。皇上说：“先生站起来自己责备自己吧。”东

---

① 每年最热的一个时期，旧时人们通常称之为“三伏”。一般来说一伏为 10 天，头伏、二伏、三伏共 30 天，但是有些年份的中伏为 20 天，所以有时“三伏”或为 40 天。“三伏”计算如下：初伏的第一日为自夏至日起的第三个庚日；三伏的第一日为立秋日起的第一个庚日。庚日是干支纪年法，即甲乙丙丁戊己庚辛壬癸。由于一年的天数，不是十的整倍数，故某年某月某日为庚日，而下年的同一日就不会是庚日。这就造成夏至日起的第三个庚日及立秋日起的第一个庚日，均为不确定日，前后变化在十日之内。一般来说，每年头伏的第一日在 7 月 11 日至 21 日之间，末伏的第一日在 8 月 7 日至 17 日之间。

方朔再拜说："东方朔呀！东方朔呀！接受赏赐不等诏令下达，多么无礼呀！拔剑割肉，多么豪壮呀！割肉不多，又是多么廉洁呀！回家送肉给妻子吃，又是多么仁爱呀！"皇上笑着说："让先生自责，竟反过来称赞自己！"又赐给他一石酒、一百斤肉，让他回家送给妻子。

吃伏羊是鲁南地区和苏北地区在小暑时节的传统饮食习俗。入暑之后，正值三夏刚过、秋收未到的夏闲时候，此时的山羊，已经吃了数月的青草，肉质肥嫩。江苏徐州民间有"彭城伏羊一碗汤，不用神医开药方"的说法，逢小暑节气很多饭店还会设置"全羊宴"供人们食用。

入伏之时，刚好是麦收的时候，旧时小暑有"食新"的习俗，所谓"食新"就是品尝新米，割下刚刚成熟的稻谷做成祭祀五谷神灵与祖先的饭食。祭祀之后，人们便品尝自己的劳动成果，饮尝新酒，感激大自然的赐予。此时，人们会用新磨的面粉包饺子或者做面条，所以民间还有"头伏饺子二伏面，三伏烙饼摊鸡蛋"的说法。据考证，伏日吃面习俗出现在三国时期，《魏氏春秋》记载："伏日食汤饼，取巾拭汗，面色皎然"，这里的汤饼就是热汤面。

赤日几时过，清风无处寻：大暑

大暑三候

腐草化萤：萤火虫卵化而出[①]。

土润溽（rù）暑：天气闷热，土地潮湿。

大雨时行：常有大的雷雨出现。

大暑三秋近，林钟九夏移。桂轮开子夜，萤火照空时。

瓜果邀儒客，菰蒲长墨池。绛纱浑卷上，经史待风吹。

——卢相公、元相公：咏大暑六月中

每年公历 7 月 23 日前后，当太阳运行至黄经 120 度时，是为大暑。大暑节气正值“三伏”天的中伏，是一年中最热的时期。

大暑是反映气温变化的节气，“暑”是炎热，“大”即是炎热的程度。《月令七十二候集解》记曰：“大暑，六月中。暑，热也，就热之中分为大小，月初为小，月中为大，今则热气犹大也。”

天气越来越热，到了大暑时节，人们已经被裹挟到层层热浪之中，开始度过最后一段夏日时光。

① 陆生的萤火虫产卵于枯草上，大暑时萤火虫孵化而出，因此古人认为萤火虫是由腐草变成的。

一、大暑不割禾，一天少一箩：农事

大暑节气，雨水多、湿气重、气温高，于人们而言气候并不舒适，但是对于农作物来说，在雨热同期的气候条件下，生长发育则最为旺盛，农谚有曰："稻在田里热了笑，人在屋里热了跳。"

古时，大暑时节播种的农作物称为"黍"，《说文解字》有曰："黍：禾属而黏者也。以大暑而種，故谓之黍。从禾，雨省声。孔子曰：'黍可为酒，禾入水也。'凡黍之属皆从黍。"这一说法在民间亦有流传，《龙江杂咏》里有一首提到了黑龙江地区的"黍"："上谷下谷等有差，黄糜白糜种亦嘉。大暑插秧秋仲获，俗称六十日还家。"文后有注曰："土宜糜，有黄有白，俗称伊喇，清语黍也。按《说文》，大暑下土，故名黍。今考糜子，五月种，八月熟，俗称六十日还家，与《说文》合。""黍"也就是糜子，后将其籽实叫黍，磨米去皮后称黄米，俗称黄小米，可以食用或是酿酒。

对于农人来说，一年中农业生产重要的时节就在伏天，因为伏天的高温为喜温的农作物生长和高产提供了有利的条件。"禾到大暑日夜黄"，大暑时节是南方种植双季稻地区最艰苦、最紧张的"双抢"季节，当地农谚有"早稻抢日，晚稻抢时""大暑不割禾，一天少一箩"的说法。

大暑时节，如果天气不热，有可能影响农作物的生长："大暑无汗，收成减半"，意思是大暑不热，则庄稼会歉收；

“大暑没雨，谷里没米”，大暑不下雨，稻子无法充分生长，稻谷就是干瘪的；“大暑连天阴，遍地出黄金”，酷暑盛夏，水分蒸发很快，旺盛生长的作物对水分的需求更迫切，如果大暑时节连阴雨可以保证相当的水分供给。

二、瓜李漫浮沉：饮食

大暑是一年中最热的节气，在我国很多地区经常会出现四十摄氏度以上的高温天气，而在这酷热的季节，人们一般食欲不振、精神不佳，因此很多地方都会有相应调理饮食的说法或是做法。

广东人有大暑吃仙草的习俗。仙草又名凉粉草、仙人草，具有消暑功效。人们将仙草的茎和叶晒干后，做成“烧仙草”（即凉粉），吃了可以祛暑，民谚有曰“六月大暑吃仙草，活如神仙不会老”。烧仙草也是台湾地区受欢迎的小吃之一，一般有冷、热两种吃法，类似龟苓膏，也有清热解毒的功效。台湾人还有大暑吃凤梨的习俗。凤梨，俗称菠萝，适宜身热烦躁者食用，而人们一般认为大暑时节的凤梨最好吃。

福建莆田人有大暑吃荔枝的习俗，也叫做“过大暑”。荔枝可以补脾益肝、理气补血，增强免疫力。大暑这一天，人们通常会将采下来的鲜荔枝浸于冷井水之中，待凉后取出来享用。

三、观庙俱闲好并游："送暑"与"赏荷"

大暑时节是一年中最热的时期，农作物生长最快，也是荷花盛开的时节，会给夏天带来一番别样的风景，但是大暑时节同时也是很多地区的旱、涝、风灾等各种气象灾害最为频繁的时间段落。

大暑节前后，浙江台州椒江区葭芷一带有独特的送"大暑船"的习俗。据说清同治年间，葭芷一带有病疫流行，大暑节前后尤为严重，当地人认为是五瘟使者[①]所致，于是在葭芷江边建造五圣庙，祈求驱病消灾。葭芷地处椒江口附近，沿江渔民居多，所以便又商定在大暑节集体供奉五圣，用特制的木船将供品送至椒江口外，以送走瘟疫，保佑人们身体健康。

大暑前数日，葭芷江边的五圣庙会建道场，许愿或是还愿者纷纷将礼品送到庙内，以备大暑节装船。"大暑船"专为大暑节赶造而成，与普通的大捕船差不多大小，船内设有神龛、香案以备供奉。送大暑船时，先要举行迎圣会。迎圣会分大迎、小迎。大年为大迎，小年为小迎，三年一大迎。送"大暑船"当天早上七点，迎圣会队伍从五圣庙出发，行走周圈后再返回。迎圣会后便是送"大暑船"，此时迎圣会队伍散开，一字儿排于江堤。时辰一到，鞭炮齐鸣，江堤上众人磕头遥拜并目送大暑船起航，顺江直下海门关口，当"大

---

① 五瘟使者又称瘟神，是中国民间信奉的司瘟疫之神，分别为春瘟张元伯，夏瘟刘元达，秋瘟赵公明，冬瘟钟仕贵，总管中瘟史文业。

暑船”飘得无影无踪时才算真正被五圣接受大吉大利。送走“大暑船”后，五圣庙戏台即开始演戏。如今，每年农历大暑期间，浙江台州葭芷一带的群众还是会送“大暑船”，但是已经跟原来不太一样。人们会把一艘制作精美的纸质“大暑船”（约渔船三分之一大小）送往江边，再由渔轮一路护送至椒江出海口，在那里把“大暑船”烧掉，意思是“送暑、保平安”。

而在其他地区，大暑所在的六月也称“荷月”，此时荷叶莲莲、芙蓉出水，是盛夏中最美的风景，所以很多地方都有暑日赏荷的习俗。

宋代，每逢农历六月二十四，民间便至荷塘泛舟赏荷、消夏纳凉，民间以此日为荷诞，即荷花生日。《清嘉录·荷花荡》中记曰：“（六月二十四日）又为荷花生日。旧俗，画船箫鼓，竞于葑门外荷花荡，观荷纳凉。”明代袁宏道曾描述苏州赏荷盛景：“荷花荡在葑门外，每年六月廿四日，游人最盛。画舫云集，渔刀小艇，雇觅一空。远方游客，至有持数万钱，无所得舟，蚁旋岸上者。舟中丽人，皆时妆淡服，摩肩簇舄，汗透重纱如雨。其男女之杂，灿烂之景，不可名状。大约露帷则千花竞笑，举袂则乱云出峡，挥扇则星流月映，闻歌则雷辊涛趋。苏人游冶之盛，至是日极矣。”旧时，赏荷还是男女青年可以外出约玩的好机会，清人徐明斋《竹枝词》中写道：“荷花风前暑气收，荷花荡口碧波流。荷花今日是生日，郎与妾船开并头。”虽然夏日炎炎，但是赏荷不是在湖边就是在舟中，水气一般可以抵消一些热气，是暑日极好的休闲活动。在娱乐方式还有些匮乏的时间段落里，外出赏荷不仅仅可以避暑，还可以借此机会与他人接触，与自然接触，是人们面对最后一些热浪的绝佳选择。毕竟，赏过这季荷花，秋天就该来了。

秋季节气

秋风萧瑟天气凉。秋，是一年中的第三个季节，是秋阳杲杲、霜天红叶、北雁南飞、金桂飘香的季节，也是人们秋收冬藏的起点。秋季包括 6 个节气，即立秋、处暑、白露、秋分、寒露、霜降。立秋时分，暑去凉来，民间会采集楸叶或梧桐树叶戴在鬓角或胸前，以自己的形式送暑迎秋。处暑是代表气温由炎热向寒冷过渡的节气，民间有处暑吃鸭子的传统食俗。白露时节，清晨植物上一般都会挂有露珠，乡野间开始玩斗蟋蟀的游戏，古时称为“秋兴”。时至秋分，棉吐絮、烟叶黄、柿子红、枣满树，正是收获的时节。“寒露过三朝，过水要寻桥”，寒露一到，人们可以非常明显地感觉到气温的下降。霜降是秋季的最后一个节气，意味着忙碌的秋天即将过去、休养的冬天就要开始。

凉风始至白露生：立秋

立秋三候

凉风至：凉气始至，秋风乍起。

白露降：颗颗露珠凝于叶面。

寒蝉鸣：清风拂过，知了声声。

不期朱夏尽，凉吹暗迎秋。天汉成桥鹊，星娥会玉楼。

寒声喧耳外，白露滴林头。一叶惊心绪，如何得不愁？

——卢相公、元相公：咏立秋七月节

每年公历 8 月 7 日前后，当太阳运行至黄经 135 度时，是为立秋。在凉风习习之中，人们终于迎来了秋天。“立”为开始，“秋”为秋风。立秋时分，暑去凉来，梧桐开始落叶，禾谷即将成熟，又到了一年的或是言说秋日多寂寥、或是引诗情达碧霄的时间段落。

立秋算是二十四节气中较早确立的节气，大概缘于其可以被视作一个季节的开始，所以很早便已在文献中出现。在对甲骨文的考源中，“春”一般被认为是花草树木生长的样子，“秋”则被认为是虫类（蟋蟀等）的叫声，春与秋的字源都更接近与节气相关的物候，所以很容易被较早标识。西周时期，便已有四时之分，《礼记·月令》中有八个节气的名称：春、日夜分、立夏、日长至、立秋、日夜分、立冬、日短至。

《月令七十二候集解》中说：“立秋，七月节。立字解见春。秋，揫（jiū）也，物于此而揫敛也。”揫即聚集，揫敛即收敛，炎热的夏天即将过去，凉爽的秋天即将来临，立秋便是秋季的开始，万物结实成形，又一个收获的季节到来了。

一、晓迎秋露一枝新：迎秋

秋气凝然，暑退寒至，在节气转换的重要时间点，人们也会迎来送往，以应时序，祈盼顺利度过交气之时。

周代立秋日有迎秋礼，天子亲率三公九卿诸侯大夫到西郊迎秋，举行祭祀少昊、蓐（rù）收的仪式。少昊为中国古代神话五方天帝中的西方天帝，又作少皞、少皓，又称白帝。蓐收是古代中国神话中的秋神，是为白帝少昊的辅佐神，司秋。据《淮南子·天文训》载“西方，金也，其帝少昊，其佐蓐收，执矩而治秋”，也就是说他分管的主要是秋收秋藏的事。

《礼记·月令》中记载：立秋日的前两天，天子就开始斋戒，到立秋日，其便亲率三公九卿及诸侯大夫西郊九里之处设坛迎秋。迎秋回来后，天子还要犒赏三军将士。汉代仍承此俗，《后汉书·祭祀志》中记载：立秋那天，迎秋于西郊，祭祀白帝蓐收，车、旗、服饰都是白色，乐曲为《西皓》，乐舞为八佾舞《育命》。立秋这天，皇帝会率领文武百官到西郊祭祀迎秋，并下令武将操练士兵，取保家卫国之意。隋代朝廷则有立秋“祀灵星”的祭俗。灵星又名天田星，古人认为其能主稼穑，祀之可以祈年和报功。唐代，每逢立秋当日祭祀五帝。东汉王逸注《楚辞·惜诵》时指出“五帝”即五方神，分别是东方太昊、南方炎帝、西方少皞、北方颛顼、中央黄帝；唐贾公彦疏《周礼·天官》“祀五帝”时指出“五帝”为东方青帝灵威仰、南方赤帝赤熛怒、中央黄帝含枢纽、西方白帝白招拒、北方黑帝汁先纪。宋时，立秋这天宫内要把栽在盆里的梧桐移入殿内，等到立秋时辰一到，太史官便高声奏道：“秋来了。”奏毕，梧桐应声落下一两片叶子，寓报秋之意。

民间迎秋的习俗也跟叶子有关。古时的立秋日，人们会戴楸叶。楸是一种落叶乔木，广泛分布于河北、河南、山东、山西、陕西、甘肃、江苏、浙江、湖南等地。古代，人们就把楸树作为绿化观赏树栽植于皇宫庭院、刹寺庙宇、胜景名园之中。据唐人陈藏器《本草拾遗》说，唐时立秋这天，长安城里已卖楸叶供妇女儿童剪花插戴了。由此可见，戴楸叶这个风俗流传久远。北宋孟元老在《东京梦华录》里形容立秋这天东京人戴楸叶的情形说：“立秋日，满街卖楸叶，妇女儿童辈，皆剪成花样戴之”，不仅要戴，而且要裁剪成形。近代，很多地方仍有立秋日戴楸叶的习俗，比如河南郑县的男女在立秋日都会戴楸叶，而胶东和鲁西南地区的妇女、儿童会在立秋日采集楸叶或梧桐树叶戴在鬓角或胸前。老百姓在用一种更为常见也是更为方便的形式送暑迎秋。

我国地域广阔，少数民族也有迎接秋天的方式。赶秋是湘西花垣、凤凰、泸溪等地苗族的传统节日，每年立秋这天举行，又称为“秋社节”或“交秋节”。立秋这天，当地的人们都要停下农活,盛装打扮后结伴成群到秋坡上欢聚、庆祝,一般要进行吹笙、拦门、接龙、椎牛、打八人秋、打苗鼓等活动。同时,众人选出的两位有声望的人装扮成“秋老人”,向大家预祝丰收。赶秋这天还有集市,人们利用这个机会交换彼此手中的物品,而年轻人则多利用这一天的时间寻求伴侣、谈情说爱[①]。2014 年,花垣苗族赶秋入选第四批国家级非物质文化遗产名录,“赶秋节”逐渐融入了武术、舞狮、舞龙等表演活动。2017 年,随中国“二十四节气”列入联合国教科文组织人类非物质文化遗产代表作名录的花垣苗族赶秋以“世界的赶秋·赶秋的世界”为主题,进行了“苗族大型祭秋仪式”“苗族赶秋暨苗族(蚩尤)文化高峰论坛会”“苗乡赶秋文艺晚会”“招商引资经贸洽谈会”四大板块的活动。

---

① 关于赶秋的传说:相传很久以前,苗寨有个名叫巴贵达惹的青年,英武善射,为人正直,深受众人仰慕。一天,他外出打猎,见一山鹰从空中掠过,便举手拉弓,一箭射中。与山鹰同时坠落的,还有一只花鞋。这只花鞋,绣工极为精巧,一看就出自聪明美丽的苗寨姑娘之手。巴贵达惹决意找到这只花鞋的主人。他设计、制造了一种同时能坐八个人的风车,取名“八人秋”。立秋这天,他邀约远近村寨的男女前来打秋取乐。打秋千本是苗族姑娘最喜欢的活动,巴贵达惹想,那个做花鞋的姑娘,一定会来。果然,他的愿望实现了。他找到了那只花鞋的主人,美丽的姑娘七娘。后来,他们通过对唱苗歌建立了感情,结成夫妻,生活十分美满幸福。从那以后,人们沿袭此例,一年一度地举行这种活动。

二、秋气燥，禁寒饮：饮食

立秋是进入秋季的初始，而秋季是肃杀的季节，人体的消耗也逐渐减少，食欲开始增加。所以，秋季为人体最适宜进补的季节，以补充夏季的消耗，也为越冬储备营养与能量。

立秋这天，民间也流行悬秤称人，人们先称称体重，把所得的重量和立夏所秤的重量相比，以检验人的体重变化。之前说到，人到夏天因为天热没有什么胃口，饭食清淡简单，所以一个夏天之后体重大都要减少一点，人们称之为“苦夏”。而那时人们对于健康的评判，往往要以胖瘦做标准，瘦了自然就要“补”，也就是所谓的“贴秋膘”：即在立秋这天吃肉，“以肉贴膘”。到了立秋这一天，家家户户要炖猪肉，或者炖鸡、炖鸭等。在黑龙江安达，立秋日要吃面条，称为“抢秋膘”；在河北遵化，立秋要吃瓜果、肉食，称“填秋膘”。

立秋之际，各类瓜果下市，所以新鲜的瓜蔬也是人们的时令食物。根据《帝京岁时纪胜》记载，立秋前一天，人们要陈冰瓜，蒸茄脯，煎香薷饮。香薷饮由香薷、白扁豆和厚朴三味药组成，具有解表除寒、祛暑化湿的作用。在立秋前一天，人们会煎好香薷饮后露宿一夜，次日立秋之时合家饮用，“谓秋后无余暑疟痢之疾”。而在天津和江苏各地有立秋吃西瓜的习俗，人们认为立秋时吃瓜可免除冬天和来春的腹泻，称为“咬秋”或是“啃秋”。清代张焘的《津门杂记·岁时风俗》中就有这样的记载：“立秋之时食瓜，曰咬秋，可免腹泻。”在江南地区，立秋吃瓜也称为“咬秋”或是“啃秋”。

民间还流传着关于“啃秋”的故事：朱元璋当上了皇帝，并在南京定都。可他从老家带来的那些不爱洗澡、不讲卫生的坏习惯却没改，更有甚者，他的手下将士还将癞痢疮带到了南京城。不久，很多百姓因此头上生癞痢疮，特别是十多岁的娃儿，生癞痢疮的特别多。不少人带着娃儿到土地庙烧香，用香灰当“仙药”涂在生了癞痢疮的娃儿的头上，却依然无法治愈。后来，有一家富户得了一个偏方，他家女儿生了癞痢疮后，夏日每天啃西瓜，最终竟神奇地使得“癞痢疮”消失了。许多人家纷纷效仿，买西瓜给娃儿吃，由此形成了“啃秋”的习俗。吃西瓜治“癞痢疮”，这个偏方显然没有可靠的科学根据，但这个有趣的传说却流传了下来。

在浙江杭州一带则有立秋日食秋桃的习俗。每到立秋日，人人都要吃桃，每人一个，桃子吃完要把桃核留藏起来。等到除夕，不为人知地把桃核丢进火炉中烧成灰烬，人们认为这样就可以免除一年的瘟疫。而浙江义乌在立秋这一天还有服食小赤豆的习俗，一般是选取若干粒小赤豆，以井水吞服，服用时面要朝向西边，据说可以不得痢疾。山东部分地区流行立秋吃“渣”，即一种用豆末和青菜做成的小豆腐，有“吃了立秋的渣，大人孩子不呕也不拉”的俗语。这些食俗都是因为秋天天气变凉，人们可能会因为寒气患上诸如痢疾之类的疾病，所以提前预防。

凉风时至，寒蝉幽鸣，万物结实成形，又一个收获的季节到来了。田野里，农人们碌碌；城市中，百姓们攘攘。在节气转换的重要时间点，人们也会迎来送往，立秋戴楸、啃秋贴膘，以应时序，祈盼顺利度过阴阳交接之时。

露蝉声渐咽，秋日景初微：处暑

处暑三候

鹰乃祭鸟：鹰把捕猎到的鸟摆在窝前，就像人们的祭祀一样。

天地始肃：天地间万物开始凋零，充满了肃杀之气。

禾乃登：稻谷成熟开始收获。

向来鹰祭鸟，渐觉白藏深。叶下空惊吹，天高不见心。
气收禾黍熟，风静草虫吟。缓酌樽中酒，容调膝上琴。

——卢相公、元相公：咏处暑七月中

每年公历 8 月 22 日前后，当太阳运行至黄经 150 度时，是为处暑。在天地肃然之际，人们迎来了处暑节气。“处”为离开、中止，“暑”为炎热，处暑是代表气温由炎热向寒冷过渡的节气。处暑时分，大部分地区气温逐渐下降，降水减少、白昼变短，意味着即将进入气象意义的秋天。

处暑是二十四节气中反映气温变化的一个节气，表明一年当中最热的时间已经过去了，《月令七十二候集解》中说：“处，止也，暑气至此而止矣。”在苦熬初伏、中伏和末伏后，一年当中最闷热的“三伏天”即将结束。这个时间段落，太阳的直射点继续南移，辐射减弱，冷空气开始小露锋芒。

但是按照经验，一般走出“三伏天”后一时还难以享受到真正的凉爽。《清嘉录》中有曰：“土俗以处暑后，天气犹暄，约再历十八日而始凉。谚有云：处暑十八盆，谓沐浴十八日也。”意思是，处暑后还要经历大约十八天的大汗淋漓的日子。但是，冷空气开始袭来，空气干燥便会刮风，如果大气中有暖湿气流输送，往往会形成雨水。所以，每当风雨过后，人们会感到较明显的降温，故有“一场秋雨一场寒”之说。

一、处暑满地黄：农事

处暑时节，白天热，早晚寒，昼夜温差大，降水少，空气湿度低，也是农忙的重要时间。各地有关处暑的农谚也清楚地说明了此时是农耕工作的关键：山西有“秋禾锄草麦地耱，打切棉花去病柯”的说法；山东有“处暑风凉，收割打场”的说法；河北有“立秋处暑，喜报丰收，精收细打，颗粒不丢”的说法；湖北有“处暑有落雨，中稻粒粒米”的说法；上海有“立秋过后处暑来，深耕整地种秋菜。晚稻出穗勤浇水，籽粒饱满人心快”的说法。

农忙时节，人们自然还是依仗对于天气预测祈盼年景，江苏民谚有曰：“处暑北风晴”，意思就是此半月内遇北风则晴，这是从风向来预测未来天气的例子。还有一首浙江地区的竹枝词写出了人们对于处暑时节下雨的厌恶：“今年种麦隔年收，四节爰昭四气周。只怕清明前夜雨，鬼如处暑稻防偷。”俗云：处暑雨，偷稻鬼，所以此地的人们很怕处暑季节下雨，会对水稻产量造成很大的影响。经过春耕夏种后，到了秋天，田里一片金黄，正是收获的好时候，人们很怕天灾带来不好的收成。农民在收成之后，一般都要举行祭祖谢神等仪式，比如浙江杭州的农民会带着酒肉到田边祭祀田祖，浙江安吉的农民会宰杀牲口来祭祀土地公等等。

对于渔民来说，处暑以后是渔业收获的时节，每年处暑期间在沿海部分地区都要举行一年一度的隆重的开渔仪式，欢送渔民开船出海，比如象山开渔节、舟山开渔节、江川开渔节等。

“开洋”“谢洋”是浙江象山传统的祭祀活动，根据《象山东门岛志略》记载，当地渔民开展“开洋”“谢洋”的活动，距今已有一千多年历史，清雍正年间至民国时期是其鼎盛时期。象山开渔节源自于“象山祭海”，是象山渔民传统民间海事生活积累的民间祭祀活动及其观念的体现。旧时，由于打渔工具的落后，也由于人们传统观念的影响，渔民们常常把多变的自然现象与上天和神灵联系起来，尤其是海上作业风险极大，因此岸上亲人也经常处于忐忑不安的焦虑之中。所以，乞求神灵保佑成为他们唯一的心理安慰和精神寄托，也就产生了诸如“拜船龙”“出洋节”“谢洋节”等民间祭祀。象山渔民开洋、谢洋节民俗活动给了渔民战胜灾难的信念和勇气，是当地渔民的一种精神寄托和认同。自 1998 年始，象山县委、县政府首创中国开渔节，在休渔结束的那天举行盛大的开渔仪式欢送渔民开船出海。2008 年，“象山渔民开洋、谢洋节”被列入国家第二批非物质文化遗产名录，主要有祭海仪式、开船仪式、蓝色海洋保护志愿者行动、妈祖巡安仪式等活动，不仅继承了传统的民间祭祀活动，又增添了很多体现现代社会价值标准与追求的活动。

二、处暑天还暑：饮食

处暑时节，雨水减少、气候干燥，人们时常感觉皮肤变紧，甚至起皮脱屑，口唇干燥或裂口，鼻咽冒火等，即所谓“秋燥”。民间还有二十四个秋老虎的说法，意思就是每年的立秋当天如果没有下雨的话，那么立秋之后的二十四天里天气将会很炎热，这二十四天就被称为二十四个秋老虎。

处暑时节民间有吃鸭子的传统食俗，因为鸭子是属于适合处暑之际的润燥食物。北京人一般会到店里去买处暑百合鸭——选用百合、陈皮、蜂蜜、菊花等养肺生津的食材来调制的鸭子，芳香可口、营养丰富。南京人处暑时传统的饮食也是鸭子，特别是南京江宁湖熟地区的麻鸭最为抢手。如果没有空，老南京人都会去熟食店买半只鸭子回家，如果有空，人们一般还会在家炖“萝卜老鸭煲”或做“红烧鸭块”送给邻居，也就是俗语所说的“处暑送鸭，无病各家”。

自唐代以来，处暑煎药茶的习俗也已盛行。处暑期间，人们先去药店配制药方，然后在家煎茶备饮，可以清热、去火。不过，处暑时节应少喝凉茶，因为此时的暑热已经不太严重，凉茶苦寒，易伤脾胃。浙江温州地区有“处暑酸梅汤，火气全退光”的谚语，市区街头也常见专门卖酸梅汤的茶摊。

福建福州地区处暑之后一般不再喝凉茶，而多吃些补气、补血的东西。老福州人习惯吃龙眼，或将龙眼剥壳后泡稀饭吃。龙眼益心脾、补气血，在这个节气食用是有益的。除此之外，老福州人在处暑常吃的另一种食物是白丸子，其实就是糯米丸。糯米，其味甘、性温，入脾肾肺经，能够补养人体正气，具有益气健脾、生津止汗的作用。吃了后会周身发热，起到御寒、滋补的作用。秋季适当吃点糯米类食物，对身体也有很好的补益作用。

一夜西风一夜凉：白露

白露三候

鸿雁来：大雁飞回。

玄鸟归：燕子归去。

群鸟养羞：鸟儿们准备越冬的果子。

露霑蔬草白，天气转青高。叶下和秋吹，惊看两鬓毛。
养羞因野鸟，为客讶蓬蒿。火急收田种，晨昏莫告劳。

——卢相公、元相公：咏白露八月节

每年公历 9 月 7 日前后，当太阳运行至黄经 165 度时，是为白露。白露是秋天的第三个节气，表示孟秋时节的结束和仲秋时节的开始。

白露时节，气温下降，清晨植物上一般都会挂有露珠，白之净、露之澈，预示着一个新的节气的到来。《月令七十二候集解》有曰：“水土湿气凝而为露，秋属金，金色白，白者露之色，而气始寒也。”古人以阴阳五行配之四时，带了些玄妙的意蕴。其实，气象学知识表明，节气至此，由于天气转凉，白昼阳光尚热，但太阳一旦归山，气温便很快下降，夜间水汽遇冷便凝结成细小的水滴，密集地附着在花草树木之上，再经第二日清晨的阳光照射，看上去更加洁白无瑕，因而得名“白露”。

秋至白露，艳阳依然高照却不再浓烈刺目，聒噪的蝉鸣几乎销声匿迹，喧嚣的荷塘只余残叶待雨，万物经过暑气的炙烤后也都恢复了安然与宁谧。当寒气渐起，许多生命都会在肃杀的秋风中由荣而枯、由盛转衰，只余有心之人又将诗情画意散于羽翼之上，跃向碧霄。

一、稻叶铺床谷上仓：农事

白露之后日照时间减短，气温下降较快，农田里的秋收作物已经成熟或者即将成熟或已完全成熟，农人们需起早贪黑地抢收庄稼。清代《老人村竹枝百咏》中写道：“御麦搬从白露时，昼间运负夜间撕。莫嫌粗粝黄粱饭，稼穑艰难总要知。”此外，从白露开始，各地也要开始播种冬小麦，尤其在黄河中下游地区，播种冬小麦是一年中最重要的农事活动。除了小麦，还有一些农作物也可在白露时栽种，比如大蒜、蚕豆、小萝卜、白菜等，农谚说：“蚕豆不要粪，只要白露种”“不到白露不种蒜”。

农忙的白露期间，最怕的是雨水，所以白露雨通常被称为“苦雨”。《礼记·月令》记载：“孟夏行秋令，则苦雨数来，五谷不滋。”郑玄注曰：“申之气乘之也。苦雨，白露之类也，时物得而伤也。”《农政全书》解释道：“白露雨为苦雨，稻禾沾之则白飒，蔬菜沾之则味苦。”即是说雨水对于庄稼收成的消极作用。这种对白露节后雨水的警惕，从东汉一直延续至今。民间依然流传着农谚说：“白露下了雨，市上没有米”，抢收庄稼的时节如果赶上阴天下雨，地里的庄稼就会阴霉腐烂，市场上便没有米可以出售。因此，“白露天气晴，谷米白如银”。此外，白露期间日照时间较处暑骤减一半左右，而且这种趋势会一直持续到冬季，如果雨天多、常连绵，对晚稻抽穗扬花和棉桃爆桃是不利的，也影响中稻的收割和翻晒。

从自然物候的角度来说，白露节后，应该是水势骤降的时间。据《大唐传载》记述，山东费县西有水坑名曰“漏泽”，雨季时可以供附近村民打鱼谋生。然而一至白露前后，漏泽的水会在一夕之间空空如也。到了清代，人们已经能够熟练运用白露节气预测江河水势。《清史稿》记载：道光二十一年（公元 1841 年）六月，河南境内的黄河决口，时任河南巡抚的牛鉴认为白露即将到来，水势必退，所以命令死守省城。

最终，牛鉴率领官民守城六十日后，也就是在白露之时水逐渐退去，开封古城得以保全。事实上，直到近代，很多地方的河工们依然默认白露节气为汛期的截止点。

在江浙地区，水势上涨、鱼蟹生膘，为了能在捕捞季获得好收成，太湖渔民会在这一天赶往位于太湖中央小岛上的禹王庙祈祷神灵的保佑。禹王即是神话传说中的治水英雄大禹，江苏太湖湖畔的渔民称他为“水路菩萨”。当地传说禹王命鳌鱼用鱼尾驱赶风浪保护渔民，于是禹王便成了渔民心目中的“保护神”。祭祀禹王香会会期一般为七天，前三天祭拜，后三天酬神，最后一天送神。祭拜时，人们许愿将把秋冬之际捕捞的第一条肥鱼献给禹王。

在辽宁地区，白露是开始围猎的起始时间，清代《沈阳百咏》中写到了人们“白露出边、小雪回围”的生活：“狍鹿山鸡话捕鲜，年年贡品给秋畋。鱼行一夜添生意，赶趁回围小雪天。”

白露前后的农历八月初一，在部分地区称为“祭风节”，这一天家家都在打谷场上祭祀“风神”。我国神话传说中的风神多为风伯，《山海经》中蚩尤作乱伐黄帝，便请风伯雨师纵风雨。风伯也常常以飓风毁坏屋舍、伤人性命，所以被视为凶神。春秋战国以后，风神信仰逐渐统一，中原一带信仰的风神为星宿，“风师者，箕星也。”而南方一带信仰的风神则为鸟形或带有羽翼的飞廉，《离骚》有句称：“前望舒使先驱兮，后飞廉使奔属。”除此之外，在中国民间传说故事中，常以女性形象出现的风神被称为“封姨”。“封姨”的称呼最早记载见于《博异志》：天宝年间，崔玄微月夜遇见几位美人，分别是杨氏、李氏、陶氏，还有红衣少女石醋醋和封家十八姨，大家一起把酒言欢。期间，石醋醋不小心得罪了封姨，封姨怒而离去。第二天晚上，杨、李、陶、石四人又来，诉说家苑常遭恶风凌虐，请求崔玄微在某日清晨树立朱幡，崔玄微慨然答应。到那天果然刮起大风，飞沙走石，但是苑中的花草树木却安然无恙。崔玄微才明白那些美人都是花木精灵，封姨则是风神。宋代，范成大也有《嘲风》诗云：“纷红骇绿骤飘零，痴騃封姨没性灵。”如今，在河北昌黎一带，人们还会于白露前后蒸黍饭并撒在稻谷场边，谓之“祭风婆”，以求风调雨顺、五谷丰登。

二、长衣长裤，白露补露：饮食

白露后昼夜温差明显加大，再加上干燥的气候容易过多地消耗人的津液，所以常常会使人出现咽干口苦、皮肤干裂的情况。因此，白露时节的养生显得尤为重要，又被俗称为“补露”。

古时，人们认为花草上的露水是可以饮用的，所以楚辞有“朝饮木兰之坠露兮”的说法，《本草纲目》里也提供了古人食用露水的方法：用盘子收取露水，“煎煮使之稠如饴”，喝了可以延年益寿。

西汉时期，汉武帝于甘泉筑通天台，去地百余丈，可通天地，望云雨悉在其下，意欲招徕仙人。通天台上有承露盘、擎玉杯，以承接上天赐予的甘露，再由方士将露水与玉屑调和而成所谓“不死之药”，让汉武帝服下，求长生不老。晋代开始，女子会用花上的露水敷脸养颜，男子则使用锦彩制成的绣囊,采集柏叶或菖蒲上的清露润洗眼睛,这种绣囊称“眼明囊”或叫“承露囊”，宋代诗人王安石《拒霜花》一诗写道:“落尽群花独自芳，红英浑欲拒严霜。开元天子千秋节，戚里人家承露囊。”南北朝时期，民间即有收集露水预防或是治疗疾病的风俗。天未亮时，母亲们怀揣着对于儿孙的疼惜之心，到田野里采取草尖上的露水，中午时分与上好的墨一起研磨成汁,然后用筷子沾墨点在孩子的心窝及四周,谓之“点百病”，希望孩子们借此健康、茁壮地成长。

苏浙一带的茶客青睐“白露茶”，因这个时节正是茶树生长的极好时期，既不像春茶那般鲜嫩、经不得泡，也不像夏茶那般苦涩，品茗中有种独特的甘醇之美。白露节气之前采摘的茶叶叫早秋茶，从白露之后到十月上旬采摘的茶叶叫晚秋茶，而自古以来就有“春茶苦，夏茶涩，要好喝，秋白露”的说法。

白露前后，龙眼下市，可以益气补脾，养血安神。福建福州人有“白露必吃龙眼”的说法，人们认为，在白露这一天吃龙眼相当于吃一只鸡，有大补身体的奇效。此外，白露时节，核桃收获也正当时，种仁饱满、味道芳香，俗称“十成熟”，有农谚云：“白露到，竹竿摇，小小核桃满地跑。”

这个季节天气渐冷，人体需要一些温补的东西让身体逐渐适应上涨的阴气，而核桃是非常适合的节令食品。旧时，农家在白露节气还以吃红薯为习，《本草纲目》记载红薯有补虚乏、益气力、健胃、强肾阴的功效，使人“长寿少疾”，民间则认为白露吃红薯不会产生胃酸。

湖南部分地区每年白露节一到，家家用糯米、高粱等五谷酿酒，略带甜味，称“白露米酒”。酿制白露酒，除了水分和节气颇有讲究外，方法也相当独特：先酿制白酒与糯米糟酒，再按一定的比例，将白酒倒入糟酒里。据说，现在日本米酒的酿造方法就是沿用了白露酒的酿造方法。

三、微虫亦可伤：秋兴之“斗蟋蟀”

白露以后，乡野间开始玩斗蟋蟀的游戏，古时称为“秋兴”。清代顾禄《清嘉录》里做了详细的记载：“白露前后，驯养蟋蟀，以为赌斗之乐，谓之‘秋兴’，俗名‘斗赚绩’。”

斗蟋蟀，是中国民间博戏之一，有着悠久的历史。关于斗蟋蟀最早的文字记载在北宋末年，顾逢在《负暄杂录》中曾提到：“斗蛩之戏，始于天宝间，长安富人镂象牙为笼而蓄之，以万金之资付之一喙”，也就是说，斗蟋蟀始于唐代，兴于宋代。南宋权相贾似道常和他的臣妾蹲跪在地上斗蟋蟀，甚至规定在斗蟋蟀时不允许任何人打扰，认为这是“军国重事”。后来，他还为此编写了一本《促织经》。到了明代，斗蟋蟀的风气更盛。《皇明纪略》中有这么一个故事：皇帝朱瞻基特别喜爱斗蟋蟀，专门派人到江南去寻找善斗的蟋蟀，使得蟋蟀价格飞涨。当时江苏吴县有一位掌管粮税的粮长奉郡守差遣找到了一只特别能打斗的蟋蟀，便用自己的骏马把蟋蟀换了回来。这位粮长的妻子听说丈夫用骏马换了一只蟋蟀，于是偷偷地打开盒子想看看，哪知蟋蟀一下就跳出来跑了。妻子非常害怕，自缢而死。粮长回来后得知妻子死了，非常悲伤，又害怕官府惩罚，也自缢身亡。这是一个悲伤的故事，但也可见古时人们对于斗蟋蟀的情有独钟。

四、喜见白露节：祭祀

在二十四节气中，白露主要是反映气温变化的节气，因此其所附着的文化深意并不明显，主要还是以农耕时序为主要标志。但是，在各地民间流传的白露时节的活动也不乏具有民俗意义的信仰活动和具有休闲意义的娱乐活动，这些都成为秋高气爽的天气里人们释放自我、追求安康的一种途径和方式。

在山西和顺，每年白露节期间，有大型的白露庙会，设供祭祀“火德真君”，祈祷神灵庇佑。火德真君是中国民间信仰的神灵之一，三头六臂、金盔金甲，掌管着民间烟火，供奉火神家里不会出现火灾。古时，火神一般被认为是祝融[①]，《汉书》说："古之火正，谓火官也，掌祭火星，行火政"，应该是战国以后才被创造出来的人格化火神，其他如火德真君、种火老母之类均出于更往后的人的传说。虽奉之为神，但香火并不旺盛，而且祭祀时不让点灯、不准烧纸，即俗语说"火神庙里不点灯"。在我国很多地区，白露并不是一个十分显见的节日或是节气，唯独山西"和顺城关白露庙会"如今已经成为县非物质文化遗产，是融合信仰、集市和娱乐为一体的民俗节庆活动。

此外，在我国很多地方都供奉着专管人们"生辰八字"的女神，俗称"八字娘娘"。生辰八字是指一个人出生时的干支历日期，年、月、日、时共四柱干支，每柱两字，合共八个字。我国传统观念认为在白天以日晷仪测量最准，必须依节气计算"真太阳时差"与依出生地计算"地方经度时差"才能得到真正的出生日的天文时间，而这个天文时间从此便成为人的一生命运的度量尺，可以体现旦夕祸福。《清嘉录》有曰："八日，为八字娘娘生日，北寺中有其像。诞日，香

---

① 关于火神祝融的传说：昆仑山上有座光明宫，里面住着火神祝融。祝融看到世间的人们茹毛饮血，就传下火种，教给人们用火的方法。人们从光明宫里取来火种，把打来的野兽放在火上烤熟再吃，这样不仅好吃，而且也能不生病，所以大家都非常崇拜火神祝融。后来，水神共工看到人民敬仰和爱戴祝融，因此发怒，最后和火神打斗起来。最后，代表光明的火神胜利，代表黑暗的水神战败。共工又羞又恼，一头撞向"撑天柱"——不周山。不周山倒塌，天上露出个大窟窿。然后，山林烧起了大火，洪水从地底下喷涌出来，龙蛇猛兽也出来吞食人民，人类面临着巨大的灾难，便有了后来的女娲补天。帝喾高辛氏时，祝融担任火正之官，昭显天地之光明，生出五谷材木，为民造福。帝喾命曰"祝融"，后世尊为火神。

火甚盛。进香者多年老妇人，预日编麦草为锭式，实竹箩中，箩以金纸糊之，两箩对合封固，上书某门某氏姓氏，是日焚化殿庭，名曰金饭箩。谓如是，能致他生丰足。”据说农历八月初八是“八字娘娘”的诞生之日，每到白露前后，信众就会前往八字娘娘庙中焚香祭奠，祈求娘娘能在自己来生转世时，赐给自己一个好的八字，以便富裕安康。

阴阳相半昼夜均：秋分

秋分三候

雷始收声：雷声渐渐远去。

蛰虫坯户：小虫蛰伏越冬。

水始涸：水洼渐渐干涸。

琴弹南吕调，风色已高清。云散飘飖影，雷收振怒声。乾坤能静肃，寒暑喜均平。忽见新来雁，人心敢不惊？

——卢相公、元相公：咏秋分八月中

每年公历 9 月 23 日前后，当太阳运行至黄经 180 度时，是为秋分。在雷声渐去之时，人们迎来了秋天的中间段落。《春秋繁露》有曰：“秋分者，阴阳相半也，故昼夜均，寒暑平。”《月令七十二候解集》上也曰：“分者半也，此当九十日之半，故谓之分。”由此，“秋分”的意思有二：一是太阳在这一天直射地球赤道，因此全球大部分地区这一天的 24 小时昼夜均分，各 12 小时；二是秋季共计三个月九十天，秋分处于秋季之中，正好平分秋天。

秋分以后，气温逐渐降低，我国南方大部分地区雨量明显减少，暴雨、大雨一般很少出现。不过，降雨天数却有所增加，常常阴雨连绵，夜雨率也较高，所以有“一场秋雨一场寒”和“白露秋分夜，一夜冷一夜”的说法。

秋分时节，桂飘香，柿子红，枣满树，处处都洋溢着丰收的喜悦。

一、农事忙纷纷

时至秋分，棉吐絮、烟叶黄，正是收获的时节。农民不仅要忙于秋收，还要忙于秋耕和秋种。所以，秋分过后，田间乡野正式进入了秋收、秋耕、秋种的“三秋”大忙阶段。华北地区已开始播种冬麦，长江流域及南部广大地区忙着晚稻收割、油菜播种。秋多绵雨，湿害严重，对“三秋”影响颇大，特别是连阴雨会使即将收获的农作物倒伏、霉烂，造成严重的损失。此时，农人们要抢晴收晒，及时抢收秋作物可免受早霜冻和连阴雨的危害，适时早播冬作物可争取充分利用热量资源，培育壮苗安全越冬。

秋分在一年的农事活动中也是一个十分重要的时间点，人们往往要在此时预测一下该年的收成情况，即是所谓的“秋分占候”。

首先看阴晴。秋分这天如果是阴天微雨，预示收成好，如“秋分有雨来年丰”；如果晴天，并不好，如“秋分日晴，万物不生”；但如是连阴，夜雨不停，也不是好事，如“秋分连夜雨，迟早一起死”。《荆楚岁时记》记有秋分日占岁的习俗：“秋分以牲祠社，其供帐盛于仲春之月。社之馀胙，悉贡馈乡里，周于族。社馀之会，其在兹乎？此其会也。掷教于社神，以占来岁丰俭，或拆竹以卜。”这里说的是拆竹或是通过社神预测年景，民间还有看“秋分”与“社日”的关系来占岁的习俗：秋分在社日前预示丰年收成好，在社日后年景都不是很理想，如“分后社，白米遍天下；社后分，白米像锦墩”。这样的说法自古有之，南宋陈元靓《岁时广记》记载的谚语就说：“秋分在社前，斗米换斗钱；秋分在社后，斗米换斗豆。”《四民月令》亦称：“秋分在社前，斗米换斗钱；秋分在社后，滥饭喂猪狗。”如果秋分与社日是同一天也并非好事，清代杜文澜辑《古谣谚》秋分社日谚曰：“分社同一日，低田尽叫屈。”

秋分一到，其时农家村落中便会出现挨家送秋牛图的，红纸或黄纸印上全年的农历节气以及农夫耕田的图样，名曰“秋牛图”。挨家挨户送秋牛图的人，大都是些民间善于说唱者，捡些利于秋耕、不违农时的吉祥话，再即景生言，俗称“说秋”，说秋人便叫“秋官”，直到说得主人乐乐呵呵地掏钱。与立春时送春牛的涵义相似，即是催收送秋。

二、“秋菜”与“秋汤”

秋分时节，天气逐渐由热转凉，昼夜均等，因此这个时节养生也要遵循阴阳平衡的原则。秋分仍多燥症，但此时的“燥”是“凉燥”，和白露时节的“温燥”不同。因此，饮食方面要多吃一些温润为主的食物，如百合、银耳、秋梨、莲藕、柿子、芝麻等，以润肺生津、养阴清燥。

“秋菜”是一种野菜，也有称之为“秋碧蒿”。秋分时节一到，每家每户都会到田野之中摘野菜，采回的秋菜一般人家与鱼片一起炖汤，叫做“秋汤”。民谚有说：“秋汤灌脏，洗涤肝肠。阖家老少，平安健康。”

秋分时节，有些地方有煮汤圆吃的习俗，除了自己食用外,还要把不用包心的汤圆煮好后插上细竹签放在田边地头，就是所谓“粘雀子嘴”，寓意是让雀子不敢来破坏庄稼。这个习俗春分时也有，都是为了庄稼的好收成。

三、夕月、正度量、祭马社：国家礼仪活动

秋分曾是传统的祭月节。早在周朝就有春分祭日、夏至祭地、秋分祭月、冬至祭天的习俗，其祭祀的场所分别称为日坛、地坛、月坛、天坛，各设在东北西南四个方向。虽然最初的“祭月节”是定在“秋分”这一天，不过由于这一天在农历八月里的日子每年不同，不一定都有圆月，而祭月如果没有满月应景则是一件不那么圆满的事情，后来就将祭月节由秋分调至中秋。

《大戴礼记》曰："三代之礼，天子春朝朝日，秋暮夕月，祭日东坛，祭月西坛，故别外内，以端其政位。所以明有敬也。教天下之臣也。"最初的"祭月节"是定在"秋分"这一天，《通典》载："周礼秋分夕月，并行于上代。"至迟在隋唐以前尚未见到八月十五祭拜月亮的记载。《通典》中有着详细的记载："秋分夕月于国西门外，为坛于坎中，方四丈，深四尺。燔燎礼如朝日也。"

祭月源于远古初民对月亮的崇拜。《尚书·尧典》称：日、月、星辰为天宗，岱、河、海为地宗，天宗、地宗合为六宗。《周礼·春官·典瑞》："以朝日"，郑玄注"天子当春分朝日，秋分夕月"，"夕月"之夕指的正是夜晚祭祀月亮。后来作为天体的月被人格化，成为月神，天子于每年秋分设坛祭祀月神。《管子·轻重已》："秋至而禾熟，天子祀于大惢，西出其国，百三十八里而坛，服白而絻白，搢玉揔，带锡监，吹损箎之风，凿动金石之音。朝诸侯卿大夫列士，循于百姓，号曰祭月。"

道教兴起后，称月神为太阴星君，而民间则多认为月神是嫦娥。《淮南子·览冥训》有载："羿请不死之药于西王母，姮娥窃以奔月，怅然有丧，无以续之。"高诱注曰："姮娥，羿妻；羿请不死药于西王母，未及服食之，姮娥盗食之，得仙，奔入月中为月精也。"

秋日赏月之风早已有之，汉枚乘《七发》载："客曰：

将以八月之望，与诸侯并往观潮于广陵之曲江。”虽没有赏月之举，但“八月之望”已非常日。魏晋时期，已有官僚士大夫中秋赏月赋诗的记载。唐代，赏月、玩月开始盛行。欧阳詹《长安玩月诗》序就有：“八月于秋，季始孟终，十五于夜，又月之中。稽之大道，则寒暑匀，取之月数，则蟾魄圆。”后来，在祭月仪式改期、赏月之风大盛以及月神传说的附会之下，中秋成了这个时间段落里的人文节日。宋代诗人魏了翁有一首《中秋领客》表达了自己的看法：

秋中无常期，月望无常历。况于月之房，岁十有二集。
云胡三五夜，赏玩著今昔。我观魏晋前，未有娱此夕。
岂由夕月礼，承讹变淫液。天行至东北，阳升乃朝日。
日月向南来，三务趋朔易。则于阴之反，顺时报阴魄。
古人敬天运，随处察消息。俗学踵谬迷，列以似科级。
广寒入万户，桂树五千尺。文人同一辞，只心惊俗客。
墨墨数百年，月如有冤色。为作反骚吟，聊以补载籍。

除了祭祀月亮，古时秋分还会祭祀寿星。《艺文类聚》引《春秋元命苞》曰：“嘉置弧北指一大星为老人星，治平则见，见则王寿，常以秋分，候之南郊。”《通典》也有：“秋分日，享寿星于南郊。寿星，南极老人星。”南极老人，又称寿星、老寿星，是民间信仰中的长寿之神。先秦起，人们就认为，南极老人星是掌握国运之长短兴衰的，所以特别重视。秦始皇统一天下后，专门在咸阳附近的杜县修建了寿星祠，《史记·封禅书》“寿星祠”注曰：“寿星，盖南极老人星也。见则天下理安，故祠之以折福寿。”《史记·天官书》又载：“西宫狼比地（星宿区域名）有大星，曰南极老人。老人见，治安；不见，兵起。”意思是说，在西宫狼比的星区，有颗很大的星星叫做南极老人星。如果能见到这颗星星，国家就会长治久安；如果见不到的话，就会有兵乱产生。汉代，南极老人星的职能又进一步放大，人们还把他视作掌管人的寿命之神。据《后汉书》记载：“仲秋之月，县道皆按户比民，年始七十者，授之以玉杖，铺之糜粥。八十、九十，礼有加。赐玉杖长九尺，端以鸠鸟为饰。鸠鸟，不噎之鸟也，欲老人不噎。是月也，祀老人星于都南郊老人庙。”后来，历朝历代都把祭祀寿星列入国家祀典之中，直到明太祖朱元璋洪武三年（公元 1370 年）才停止了这种大规模的国祀活动。

除了夕月与祭拜寿星，古时秋分还有正度量、祭马社的习俗，如《太平预览·时序部》有曰：“祀夕月于西郊，秋分日祭之。命有司享寿星于南郊。秋分日，祀寿星于南郊，寿星，南极老人星。日夜分，则同度量，平权衡，因秋分昼夜平，则正之。祭马社。谓仲秋祭马社于大泽，用刚日。”这些习俗都与春分时极为相似，仍取均分之深意。

虽然在历史的发展中，秋分的很多活动被中秋节所涵盖，使其原本的面貌发生了变化，但是其作为时间刻度的标准也在与时俱进。经党中央批准、国务院批复，自2018年起，将每年农历秋分设立为“中国农民丰收节”，赋予秋分以新的时代内涵，有助于宣传展示农耕文化的悠久厚重，传承弘扬中华优秀传统文化，推动传统文化和现代文明有机融合，增强文化自信心和民族自豪感。

露气寒冷黄花开：寒露

寒露三候

鸿雁来宾：最后一波大雁南飞。

雀入大水为蛤：鸟雀躲藏，蛤蜊浮出水面[①]。

菊有黄华：菊花凌寒盛放。

寒露惊秋晚，朝看菊渐黄。千家风扫叶，万里雁随阳。
化蛤悲群鸟，收田畏早霜。因知松柏志，冬夏色苍苍。

——卢相公、元相公：咏寒露九月节

每年公历10月8日前后，当太阳运行至黄经195度时，是为寒露。在菊花凌寒怒放之中，人们迎来了寒露节气。寒露之后，气温更低。寒露是秋季的第五个节气，此时我国南岭及以北的广大地区均已进入秋季，东北进入深秋，西北地

① 鸟雀入大海化为蛤蜊是古人感知寒风的一种说法。天气进入深秋，寒气逼人，雀鸟们都躲藏起来，此时的海边却出现了很多蛤蜊，贝壳的条纹及颜色与雀鸟相似，所以古人便认为蛤蜊是雀鸟变成的。

区已进入或即将进入冬季。

《月令七十二候集解》说："九月节，露气寒冷，将凝结也。"意思是地面的露水更冷，快要凝结成霜了。此时，我国大部分地区都在冷高压控制之下，雨季已经结束，一般是秋高气爽、晴空万里。广东一带流传这样的谚语"寒露过三朝，过水要寻桥"，指的就是天气变凉不能蹚水过河了。可见，寒露期间人们可以非常明显地感觉到季节的变化。

一、禾怕寒露风：农事

寒露时节温度低,昼夜温差大,有利于麦苗等作物的生长,所以寒露是秋收、秋种、秋管的重要时期。"九月寒露天渐寒，整理土地莫消闲"，寒露的到来意味着许多农事需加紧进行，否则会影响到来年的丰收情况。

"寒露种小麦，种一碗，收一斗""寒露不摘棉，霜打莫怨天""上午忙麦茬，下午摘棉花"……这些农谚表明此时北方地区的人们正忙于播种小麦、采摘棉花等农活的收尾工作。同时，南方地区进入寒露才算进入真正的秋季，此时适合种植油菜等耐寒作物。

在寒露这个时间段，翻地可将埋于地下的越冬虫及虫卵晾到地表上，利用昼夜温差大、夜间温度低的特点将害虫及其虫卵冻死，减少来年庄稼的病虫害，即所谓"寒露到立冬，翻地冻死虫"。

江南一带还有"人怕老来穷,禾怕寒露风"的说法。寒露风，是寒露节出现的一种低温、干燥、风劲较强的冷空气，会使水稻生长发育不良，导致减产。所以，人们一般在“寒露风”来临前施肥、灌溉，保持田间温度，使水稻免受“寒露风”侵害。

二、吃了寒露饭，单衣汉少见

由于寒露的到来，天气由热转寒，万物也因为寒气的增长逐渐萧落。在自然界中，阴阳之气开始转变，阳气渐退，阴气渐生，人体的生理活动也要适应自然界的变化，以确保体内的生理阴阳平衡，要避免因剧烈运动、过度劳累等耗散精气津液。天气寒冷，人们在居室中的时间较长，所以还要注意保持室内空气流通、新鲜。

寒露时节，天气干燥，昼热夜凉，此节气的饮食宜以润肺生津、健脾益胃为主，应多食用芝麻、糯米、粳米、蜂蜜、乳制品等柔润食物，同时增加鸡、鸭、牛肉、猪肝、鱼、虾、大枣、山药等食物以增强体质，少食辛辣之物，如辣椒、生姜、葱、蒜类，注意补充水分，多吃雪梨、香蕉、哈密瓜、苹果、柿子、提子等水果。寒露到，天气由凉爽转向寒冷，这时人们应养阴防燥、润肺益胃。于是，民间就有了“寒露吃芝麻”的习俗，各类芝麻糕、芝麻酥等都成为应季食品。《神农本草经》载芝麻可以“补五内、益气力、长肌肉、填精益髓”，有补肝肾、益精血、润肠燥、通乳的功效，可用于治疗身体虚弱、头晕耳鸣、高血压、高血脂等症。

寒露时节，螃蟹正上市。自古以来，螃蟹即是美味之食，东汉郑玄注《周礼·天官·庖人》："荐羞之物谓四时所膳食，若荆州之鱼，青州之蟹胥。"许慎《说文解字》曰："胥，蟹醢也（醢，肉酱）。"吃螃蟹作为一种闲情逸致的文化享受，大约是从魏晋时期开始的。《世说新语》记载一则故事时曾说："右手持酒杯，左手持蟹螯，拍浮酒船中，便足了一生矣。"这种饮食观影响了当时的许多"闲"人。从此，人们把吃蟹、饮酒作为金秋的必然饮食习俗，而且渐渐发展为聚集亲朋好友的"螃蟹宴"。

《红楼梦》第三十八回写过一次集良辰、美景、赏心、乐事四者俱全的螃蟹宴，很是有趣。史湘云做东、薛宝钗家埋单，请贾府上下、老幼女眷，在大观园中赏菊、吃蟹、饮酒。大家在席间饮酒、谈笑，散席后又举行诗社活动，林黛玉在菊花诗中夺魁，薛宝钗则在螃蟹咏里写出绝唱：

咏菊

无赖诗魔昏晓侵，绕篱欹石自沉音。毫端运秀临霜写，口角噙香对月吟。

满纸自怜题素怨，片言谁解诉秋心？一从陶令平章后，千古高风说到今。

螃蟹咏

桂霭桐阴坐举觞，长安涎口盼重阳。眼前道路无经纬，皮里春秋空黑黄。

酒未涤腥还用菊，性防积冷定须姜。于今落釜成何益？月浦空余禾黍香。

江苏南京等地仍有俗话讲寒露吃螃蟹：“寒露发脚，霜降捉着，西风响，蟹脚痒”，天一冷螃蟹的味道就好了；“九月团脐，十月尖”，农历九月雌蟹卵满、黄膏丰腴，正是吃母蟹的最佳季节，等农历十月以后，最好吃的则是公蟹了。

三、赏秋与晒秋

天高气爽，云淡风轻，层林尽染，雁过无声，秋天的美可引诗情直达碧霄，也正是人们观赏风光的最好时机。寒露时节，处在酷暑与寒冬交接的时间界标，如果说清明是人们度过漫长冬季后出室畅游的春游，可以称为“踏青”，那么寒露赏秋大约是在寒气又至、人们即将蜗居时的秋游，便可以叫做“辞青”。

熠熠溪边野菊香，赏菊历来都是重头戏。菊花秋季开花，很早便见于文献记载了，《礼记·月令》曰：“鞠有黄华。”从西周至春秋战国，《诗经》和《离骚》中都有菊花的记载，“朝饮木兰之堕露兮，夕餐秋菊之落英”，说明菊花与传统生活与文化结下了不解之缘，秦都城咸阳曾出现过菊花展销的盛大市场，可见当时栽培菊花之盛。清代潘荣陛《帝京岁时纪胜·赏菊》曾写道：“秋日家家胜栽黄菊，采自丰台，品类极多。惟黄金带、白玉团、旧玉团、旧朝衣、老僧衲为最雅。酒炉茶设，亦多栽黄菊，于街巷贴市招曰：某馆肆新堆菊花山可观。”

菊花有养生之功效，《神农本草经》曰：“（菊花）久服利血气，轻身耐老延年。”因此很早便被用来酿酒。据《西京杂记》载：“菊花舒时，并采茎叶，杂黍米酿之，至来年九月九日始熟，就饮焉，故谓之菊花酒。”当时帝宫后妃称之为“长寿酒”，将其视作滋补药品并相互馈赠，这种习俗一直流行到三国时代。晋人陶渊明有诗云：“往燕无遗影，来雁有余声，酒能祛百病，菊解制颓龄。”称赞了菊花酒的祛病延年作用。后来，饮菊花酒便逐渐成了中国民间的一种风俗习惯。到了明清时期，菊花酒中又加入地黄、当归、枸杞等多种草药，食效更佳。

一年一度秋风疾，又见处处叶泛红。观红叶也逐渐成为人们的传统习俗。唐代杜牧的《山行》曾描写过红叶之美：“远上寒山石径斜，白云生处有人家。停车坐爱枫林晚，霜叶红于二月花。”不过，适合寒露观赏红叶的区域应该是北方地区，尤其是黄河以北。在湖南、广西、安徽、江西等山区，农人们会在秋日里利用房前屋后及自家窗台屋顶架晒、挂晒农作物，久而久之就演变成“晒秋”的农俗，尤其是江西婺源的篁岭古村，晒秋已经成了农家喜庆丰收的盛典。

草木黄落蛰虫伏：霜降

霜降三候

豺乃祭兽：豺狼开始捕获猎物，如同人间收获新谷用以祭天。

草木黄落：西风起，卷落叶，吹枯草。

蛰虫咸俯：昆虫全部蛰伏在洞中不动不食。

风卷清云尽，空天万里霜。野豺先祭兽，仙菊遇重阳。
秋色悲疏木，鸿鸣忆故乡。谁知一樽酒，能使百愁亡。
——卢相公、元相公：咏霜降九月中

每年公历10月23日前后，当太阳运行至黄经210度时，是为霜降。自然的小精灵们又开始蛰伏于洞穴之时，人们迎来了霜降。霜降有天气渐冷、初霜呈现的意思，是秋季的最后一个节气，也意味着忙碌的秋天即将过去、休养的冬天就要开始。

霜降时节，表示天气更冷了，露水已经可以凝结成霜。《月令七十二候集解》曰："九月中，气肃而凝，露结为霜矣。"《吕氏春秋》记录了与节气划定相关的内容，其中就有"霜始降"，说明节气在最初完成对于季节的划定之后，开始向气温、雨量、物候等方面发展。

霜，大多在晴天形成，即人常说"浓霜猛太阳"之理。寒霜起于晴朗的秋夜，地面上如同掀开了被，散热颇多，如果温度骤然下降，水气就会凝结于草叶、泥土之上，或是形成细细的冰针，或是形成六瓣的霜花，熠熠闪光。气象学上，一般把秋季出现的第一次霜叫做"早霜"或"初霜"，把春季出现的最后一次霜称为"晚霜"或"终霜"。从终霜到初霜的间隔时期，就是无霜期。"霜降"和"霜冻"是两个不同的概念。霜降仅仅是一个节气，在这个时间段落里黄河中下游一般会出现初霜。霜冻是对在生长季节里的植物而言，其因为夜晚土壤表面温度或附近的气温骤然下降到0度以下而使得自身体内水分发生冻结，代谢过程遭受破坏的危害："霜降杀百草"。

一、一年补透透，不如霜降补

严寒逼来，纵然是侵杀百草的利剑，但事实上"霜降"并不等同于"霜冻"。霜降时分，很多应时的果蔬上市，反而是"一年补透透，不如霜降补"的大好时机。霜降是秋季的最后一个节气，秋令属金宜补，所以民间才有"补冬不如补霜降"的说法。

柿子是霜降时节最有代表性的果品，民谚有曰"白露打核桃，霜降摘柿子"。自古以来，柿子都是秋季的应时食物。《礼记·内则》已经记载了当时规定柿是国君日常食用的三十一种美味食品之一，南北朝时期梁简文帝在《谢东宫赐柿启》中称赞柿好吃时说道："甘清玉露，味重金液。"《酉阳杂俎》中总结出柿树有七大好处："一寿、二多荫、三无鸟巢、四无虫、五霜叶可玩、六嘉实、七落叶肥大。"宋代张澄有一首《椑侯柿》写道："家山谬说冷糖霜，未若椑侯远擅场。甘似醍醐成蜜汁，寒于玛瑙贮冰浆。"天气渐凉，寒霜降临，秋燥明显，燥易伤津，所以可适当吃些健脾养阴润燥的食物，诸如柿子。而至元末明初时期，自然灾害频繁，人们对柿子可以代粮充饥也有了深刻的认识。据传，明高祖朱元璋在做皇帝以前曾亲身体会到柿子充饥的这种功效：朱元璋小的时候家中十分贫困，经常没有食物可以果腹。有一年的霜降，朱元璋已经两天没吃饭，突然看到一棵柿子树，上面结满了红彤彤的柿子。于是，他就饱饱地吃了一顿柿子。若干年后，朱元璋当了皇帝，有一年霜降日再次路过那棵柿子树旁，便将红色战袍挂在树上，封其为“凌霜侯”。这个故事在民间流传开来后，就逐渐形成了霜降吃柿子的习俗。

在民间素有“小人参”美称的萝卜，也在霜降时节进入收获的时间。萝卜，早在《诗经》中就有被食用的记载，大抵“葑”“菲”之类，后从北魏的《齐民要术》到清代的《随园食单》，各种萝卜美食不胜枚举。古代农书中曾评价萝卜为：“可生可熟，可菹可酱，可豉可醋，可糖可腊，可饭，乃蔬中之最有利益者”，生吃也行、熟吃也好，可以腌成萝卜条，也可以晒成萝卜干，花样繁多，可以吃到“离了萝卜摆不了席”的地步。宋代苏轼自制“东坡羹”，大抵是将萝卜、白菜、大米等一锅乱炖。因其鲜美，也因食材几乎都出自自己的辛苦劳作，或者最重要的原因是羹中有着苏轼最爱的萝卜。据说，苏轼与其兄弟苏辙一样，深信长生之术，大抵是看了很多关于萝卜养生的介绍，就此相信萝卜能延年益寿，终陷于“萝卜”宴中。

霜降还有一种吃食，便是常常与萝卜并列出现的秋冬看家菜——大白菜，过去人们常说：萝卜白菜保平安。民谚有曰：“霜降砍白菜。”清时有《竹枝词》写道：“几日清霜降，寒畦摘晚菘。一绳檐下挂，暖日晒晴冬。”这里的晚菘指的就是大白菜。

旧时北京还有霜降时吃兔肉的习俗，也称迎霜兔。明代《酌中志·饮食好尚纪略》曰：“九日重阳节，驾幸万岁山，或兔儿山，旋磨山登高，吃迎霜麻辣兔，饮菊花酒。”清代以后，这种习俗更盛。有人认为，这或许和清入关以后皇上爱好打猎有关。皇上到木兰围场打猎，而一般旗人到京城的西山，于是猎到的野味便成为这个时节吃食的最佳选择。兔子应霜降之日，美名曰“迎霜兔”。时至今日，北京稻香村仍在霜降前后推出熏兔肉，作为应时食物。

二、师行当禡祭：国家礼仪活动

《礼记·月令》曰：“霜始降，则百工休。”《淮南鸿烈》解曰：“霜降天寒，朱漆难成，故百工休止，不复作器也。乃命有司曰，寒气总至，民力不堪，其皆入室。”天气肃杀，农事基本告竣，但是人们生活中还有很多其他的社会活动需要参与。清代有一首《龙江杂咏》提到了国家的军事活动以及人们对于此的关注：“新制缺襟五尺袍，喜逢霜降动江艘。河神庙里明朝去，多破功夫看水操。”除了操练之外，旧时还有祭旗纛的仪式，是古代霜降日军队的一种官方祭祀活动，表示对于战争中旗鼓的重视。

纛是最初的军旗，又称旗头，是古代军旗之首，可以单独出现，也可以出现在旗帜的顶端部分。宋代曾巩有一首《晓出》写道："晓出城南罗卒乘，皂纛朱旗密相映。"皂纛在古代属于最重要的军旗，一般只出现在天子的仪仗队里。国之大事在祀与戎，而征伐之前举行的祭祀被称为祃祭，目的当然在于保佑出征顺利、平安。自汉以后，祃祭的主要内容便是以军旗祭祀神祇，而此时军旗正式的称呼就是旗纛。明朝初年，朱元璋在京师建造旗纛庙，庙祀时间是春秋两祀，春祭用惊蛰日，秋祭用霜降日。从此后，祃祭正式纳入国家吉礼。清代，皇帝亲征时要在堂子内祭旗，建御营黄龙大旗，其后分列八旗大纛及火器营大纛各八面。

霜降前后，正在收获中的农人们也开始举办相应的仪式活动——迎社火。社火是随着古老的祭祀活动而逐渐形成的，与远古时的图腾崇拜、原始歌舞也有着渊源关系。清代河北沧州霜降之后，农民会举行集体狩猎活动，《沧州志》有载："霜降后，田事告竣，农民期日出猎，会村庄多至千人，遇狐兔共逐之，无得逸者。或先得，则高举过顶，以示众人不得夺。日将夕，乃各标所获，欢歌而归，名曰'合围'。"湖北应城县霜降忙完农事后，农民"相约朝山进香，以祈福佑，远则均州五当，近则黄陂木兰，沿路宣'南无佛'号，谓之'还愿'"。（《应域县志》）

三、迎霜粽，赶歌圩：壮族霜降节

霜降节是壮族典型的民俗节庆，主要流行于广西的天等、大新、德保、靖西、那坡等地，每年阳历的10月23日前后霜降期间。壮族霜降节庆持续三天，分为“初降”（或称头降）、“正降”与“收降”（或称尾降），其中的“中降”为节庆活动的高潮。壮族霜降节主要依托于稻作文化，最初是壮族民众酬谢自然、庆祝丰收的仪式后又融入了纪念民族女英雄打击倭寇的事迹，传授民族历史知识，宣扬保卫家园、谋求平安的民族精神。

初降这一天，传统要敬牛，即让牛休息。此时壮乡的晚稻已经收割结束，劳作了一年的乡民们会用新糯米做成“糍那”“迎霜粽”招待四面八方的亲戚朋友。清光绪《归顺直隶州志》中关于“霜降”的记载中提到霜降前一日，各家各户会进行祭祀祖先的活动，并做迎霜粽以酬谢友邻，分享快乐。此外，初降这天的庙会也是很早开始，客商们早早地摆开摊位，各类商品，应有尽有。

正降的上午敬神。人们先拿着祭品到娅嫫[①]庙祭拜进香，一些人负责打扮成士兵模样，举着牙旗，敲锣打鼓，在狮子的开道下把娅嫫画像抬出来巡游。娅嫫神所到之处，锣鼓喧天，迎神的鞭炮声不断，沿街商家也会开门点上三根香朝拜。游神结束后，霜降节进入闻名的“霜降圩”。人们认为霜降节购买的东西耐用、吉祥，所以，旧时人们会省下一年的钱，

① “娅嫫”即抗倭有功的岑玉音。她箭术高超，勇敢过人，曾带兵去广东、福建沿海一带抗击倭寇。多次打败入侵的倭寇，得到皇帝的封赏，最后解甲回乡，直到逝世。因她曾在霜降这一天大败倭寇，人们便在这一天举行祭祀以示纪念，逐渐形成为霜降节。

到霜降节时才买新东西，图个吉利。正降晚上，是丰富多彩的文娱表演时间。人们搭起舞台演壮戏，或是对山歌，对歌可能一直持续到第二天的收降，形成规模宏大的霜降歌圩。

2010 年，广西天等壮族霜降节成功入选第三批广西壮族自治区级非遗项目名录；2014 年，又被列入国家级第四批非遗项目名录；2016 年 11 月，“壮族霜降节”作为中国二十四节气扩展项目之一入选联合国教科文组织人类非物质文化遗产代表作名录。

壮族霜降节最初是壮族民众酬谢自然、庆祝丰收的一种聚会形式，表达对于五谷丰登的祈盼与喜悦。清代，壮族霜降节进入鼎盛时期，物资交流更趋繁荣，甚至还有越南客商远道而来。此外，还有山歌对唱、戏剧演出、走亲访友等内容。改革开放后，壮族霜降节又增加了祈福长寿以及篮球、拔河比赛等活动。从此，壮族霜降节不仅仅是稻作文化传统的体现，更是民族团结与文化认同的重要载体。

冬季节气

北风吹雁雪纷纷。冬，是一年中的最后一个季节，是风刀霜剑、玉树银花的季节，也是人们休养生息的季节。冬季包括 6 个节气，即立冬、小雪、大雪、冬至、小寒、大寒。立冬意味着冬季的来临，万物收藏以避严寒，民间有“补冬”的习俗。小雪节气以后的降雪是应时的雪，俗称“瑞雪”。“小雪腌菜，大雪腌肉”，大雪节气一到，南方的农人们开始准备过年的腊肠、腊肉等，到春节时正好可以享受美食。“冬至大如年”，在我国传统社会之中，冬至既是一个重要的节气，也是人们举天同庆的传统节日，皇室祭天、民众祭祖。小寒标志着一年中最寒冷的日子即将到来，“小寒大寒，冻作一团”。节气交大寒，意味着一年即将画上句号，也意味着又一个生机勃勃的春天很快就要到来。

冬季开始万物藏：立冬

立冬三候

水始冰：水面初凝，还没有到达坚硬的程度。

地始冻：土气凝寒，开始上冻。

雉入大水为蜃：雉鸟蛰伏，蚌儿出现[①]。

霜降向人寒，轻冰渌水漫。蟾将纤影出，雁带几行残。
田种收藏了，衣裘制造看。野鸡投水日，化蜃不将难。

——卢相公、元相公：咏立冬十月节

每年公历 11 月 7 日前后，当太阳运行至黄经 225 度时，是为立冬。寒色渐浓之际，人们可以暂时休歇的冬日悄悄来临。刚刚结束收获的忙碌，依然沉浸于仓廪实喜悦中的人们被凛冽的北风惊起，万物都将进入休息的时间到了。

立冬意味着冬季的来临。《月令七十二候集解》曰："立，建始也。"又曰："冬，终也，万物收藏也。"至迟到西周时期，春分、秋分、冬至、夏至便已经存在，随之逐渐确定了立春、立夏、立秋和立冬，合称"八节"。八节的确立是节气形成过程中的重要环节，也表明至迟到春秋时期，二十四节气的核心部分已经划分完毕。

① 天寒地冻，雉鸟蛰伏，天空中不见了鸟儿的影迹，水中的蚌类却在此时大量繁殖，所以古人以为是雉变成了蜃。

一、补冬补空：饮食

立冬，万物收藏，以避寒冷。人类虽没有冬眠之说，但却有进补的意识。为了适应气候季节性的变化，调整身体素质，增强体质以抵御寒冬，全国各地在立冬纷纷进行“补冬”与“养冬”。

立冬日杀鸡、宰羊或以其他营养品进补便称为“补冬”。南方人补冬爱吃鸡鸭鱼肉：鸡肉蛋白质的含量比例较高，而且消化率高，很容易被人体吸收利用，有增强体力、强壮身体的作用；鸭肉的营养价值与鸡肉相仿，肉性味甘寒，有养胃、补肾、止咳、化痰等作用；鱼肉则是一些维生素、矿物质的主要来源。甘蔗也可列入南方地区冬季进补的食物之一，福建、潮汕地区有民谚曰：“立冬食蔗齿不痛。”《本草纲目》中载：“蔗，脾之果也。其浆甘寒，能泻火热。”立冬之后，甘蔗已经成熟，吃了不上火，不仅能起到滋补的功效，还可以保护牙齿。因为甘蔗的纤维含量很高，食用时反复咀嚼类似于刷牙，有助于提高牙齿的洁净和抗龋能力。冬令进补吃膏滋是苏州人立冬的传统习俗。膏滋是用中药加水煎煮后滤渣，将药液浓缩再加蜂蜜等做成的膏状食物。从唐宋时期开始，医家已重视膏滋的使用，并把它视为祛病强身、延年益寿的好食物。旧时苏州，大户人家用红参、桂圆、核桃肉烧汤喝，有补气活血助阳的功效。如今每到立冬节气，苏州一些中医院以及部分老字号药房也会开设进补门诊，为老百姓煎熬膏滋。

与南方不同，北方人补冬则更多爱吃牛羊肉：牛肉有补中益气、滋养脾胃、强健筋骨的功能，为寒冬补益佳品；羊肉可以补体虚，祛寒冷，温补气血，寒冬里正是吃羊肉的最佳季节。除此之外，饺子也是我国北方传统的冬季时令食品，诸如立冬、冬至等节气人们都会包饺子吃。饺子，距今已有千年的历史，在其漫长的发展过程中有了很多的称呼，最早时被称为“牢丸”“扁食”“饺饵”“粉角”等，三国时期称“月牙馄饨”，南北朝时期称“馄饨”，唐代称“偃月形馄饨”，宋代称为“角儿”，元代明朝称为“扁食”，清朝开始称为“饺子”。有种说法认为饺子来源于“交子之时”，大年三十是旧年和新年之交，所以吃饺子，而立冬是秋冬季节之交，所以也要吃饺子。旧时，京津地区立冬有吃倭瓜饺子的风俗。倭瓜是北方常见的蔬菜，一般在夏天购买，存放起来经过长时间糖化，在冬天做成饺子馅，别有一番滋味。

说到贮藏蔬菜，旧时人们的生产与生活条件较差，在严酷的自然条件下，筹划储备物资以安然度过百物贫瘠的寒冬几乎是一整年都在考虑的事情。

进入冬季，万物萧条，很多地方便会在立冬这天将新鲜蔬菜收藏起来，以备过冬之需。《东京梦华录》记载了汴京人在立冬时忙着准备冬菜的情景：“是月立冬，前五日西御园进冬菜。京师地寒，冬月无蔬菜，上至宫禁，下及民间，一时收藏，以充一冬食用，于是车载马驮，充塞道路。”而蔬菜腌制是最古老、最普遍也是冬季最常见的蔬菜加工方法。

“菹”字，汉代之前指将食物用刀子粗切，同时也指切过后做成的酸菜、泡菜或用肉酱汁调味的蔬菜，汉以后则泛称加食盐、加醋、加酱制品腌制成的蔬菜。《荆楚岁时记》有用芜菁腌制咸菜的记载，芜菁是一种跟萝卜样子差不多的十字花科植物，根以及叶子都可以食用，一般是用盐腌制成为咸菜，据说三国时期蜀国军师诸葛亮将其作为军粮。

二、又遇始裘天：祭祀

自秋入冬是季节的转折，也是一年中极为重要的时间点。人们在秋粮入仓之际也要酬谢神灵、庆祝丰收，同时也要对即将来到的萧条光景进行准备和祈祷，以求健康、完满地度过冬季。

从个人的角度而言，人们为了过冬会准备好冬衣、冬帽，并对自身进行清洁，有利于安然过冬。《西湖游览志馀·熙朝乐事》有记曰："立冬日，以各式香草及菊花、金银花煎汤沐浴，谓之扫疥。"古时，冬日天冷，洗澡不便，疥虫、跳蚤等寄生虫便乘机在人身上繁殖起来，皮肤病也容易流行、传染。人们在立冬这天洗药草香汤浴，正是希望把身上洗干净，把寄生虫全部杀死，整个冬天不得疥疮。

从社会大环境的角度来说，官方此时会举行一定的仪式酬谢并祈盼冬日时光的安稳过渡。古人以冬与五方之北、五色之黑相配，故皇帝有立冬日出郊迎冬的仪式。《礼记·月令》："（孟冬、仲冬、季冬之月）其帝颛顼，其神玄冥。"据说冬神名叫禺强，字玄冥，人面鸟身，耳朵上挂着两条青蛇。

皇帝率领文武百官到京城北郊祭冬神。祭祀冬神的场面十分宏大，根据《史记》记载，汉朝时祭祀冬神，要有七十个童男、童女一起唱《玄冥》之歌[①]。回来后，皇帝还要对那些为国捐躯的烈士及其家小进行表彰与抚恤。

但是，民间并没有如此宏大的信仰仪式，东北地区满汉人家在立冬时节要举行烧香祭祖的活动，算是与古时官方迎冬仪式的一个对应。

东北汉八旗人家立冬举办有“太平香”的仪式，祭祀活动主要为跳虎神，他们称萨满舞为“跳家神”或“烧旗香”。萨满表演时腰间系着长铃，手持抓鼓或单鼓，在击鼓摆铃声中请各路神灵。请来神灵（俗称“神附体”）后，即模拟所请之神的特征作表演，比如“跳虎神”便是请来虎神，要模仿老虎的动作。在初冬十月小阳春的大好节气，扮演虎神的神匠（单鼓艺人）在院里院外、屋里屋外，表演各种绝活，唱、念、做、打俱全，能者可以蹿房跃脊，更有甚者光脚登刀上脊，还有摆腰铃、顶水碗、耍鼓、霸王鞭、花棍等各种表演，施展出艺人的武功特点，引得十里八乡的人们前来围观，热闹非凡。

满八旗的祭祀称为“烧荤香”，一般遵照萨满教的原始规矩，庄严而肃穆。在操办祭祖烧香前全家人吃十天斋，在

① 《汉书·礼乐志》附歌词：“玄冥陵阴，蛰虫盖臧，草木零落，抵冬降霜。易乱除邪，革正异俗，兆民反本，抱素怀朴。条理信义，望礼五岳。籍敛之时，掩收嘉谷。”

祭祖烧香的头三天“磕面子”，也就是用黄米制作糖黄酒。“磕面子”由家庭主妇操作，不能擦脂粉，只能用热水洗脸、用面碱洗手，淘洗黄米时需要双膝跪地，妯娌们和晚辈的媳妇也以同样的姿势跪接、传递，一直送到房顶上，日光晾晒后放到小罐中，用薄羊皮扎起，制作米酒，亦称糖黄酒。糖黄酒必须在立冬祭祖这天开罐，斟九碗或九盅上供，再供上九盘饽饽（满族对各种干粮糕点的统称），按照顺序摆放。最后，打开莲花香碟，在香槽中放上鞑子香（即山杜鹃花）粉末，并勤添香末，使得香烟缭绕不断，芳香扑鼻。

“烧荤香”要宰三口猪：第一口猪祭天，第二口猪祭祖，第三口猪祭“佛托妈妈”[①]。宰猪时，首先将一盅酒倒在猪耳朵里，猪耳朵一扑棱，即表明列祖列宗已接受此猪。如果猪耳朵不动弹，负责杀猪的萨满就会双膝跪下，双手合十进行祷告，祭祀者全家连连磕头，直到猪耳摇动才行。受生活条件所限，一般农家大概三五年才能筹办一次立冬祭祖的“烧荤香”，所以有许多人家在中间时间里不宰猪而以鸡代替，中等农家宰二十一只鸡，一般农家宰七只鸡，称为“烧素香”。

立冬节气的到来表明草木凋零、蛰虫伏藏，阳气潜藏、阴气盛极，万物趋向休养，以冬眠的状态为来春生机勃发做好充足的准备。

---

① 佛托妈妈是尊汉族女人偶像，民间传说其曾救过少年努尔哈赤的命，因此被满族人尊重和祭祀。

荷尽已无擎雨盖，菊残犹有傲霜枝：小雪

小雪三候

虹藏不见：雨水减少，彩虹难见。

天气上升地气下降：阳气上升，阴气下降。

闭塞而成冬：阴阳不通，天地闭塞。

莫怪虹无影，如今小雪时。阴阳依上下，寒暑喜分离。

满月光天汉，长风响树枝。横琴对渌醑，犹自敛愁眉。

——卢相公、元相公：咏小雪十月中

每年公历 11 月 22 日前后，当太阳运行至黄经 240 度时，是为小雪。天地闭塞之中，人们迎来了初雪乍现的季节。《月令七十二候集解》记曰：“十月中，雨下而为寒气所薄，故凝而为雪。小者未盛之辞。”进入小雪，西北风常来，气温逐渐降至 0 度以下，时有降雪，但是雪量不大，万物失去生机，天地闭塞而渐渐转入严冬季节。水开始结冰，雨开始变成雪，北方很多地区能见到初雪，南方地区则偶有树绿花红的景象。由于天气寒冷，降水形式由雨变为雪，但又由于地面的寒冷还不强，所以雪量不大，地面无法形成积雪。因此，小雪表示降雪的起始时间和程度，是直接反映降水的节气。

一、打井修渠莫歇：农事

小雪节气期间，人们也会占验天气和农事。瑞雪兆丰年，霜重见晴天。小雪节气以后的降雪是应时的雪，俗称“瑞雪”。瑞雪有利于粮食丰收，令人倍感欣喜与期待。民间也有“小雪雪满天，来年定丰年”“小雪大雪不见雪，小麦大麦粒要瘪”的说法，可见雪对于庄稼有着实在的好处。

据《农政全书·占候》记载，农历十月之内如果有雷，会产生灾疫，谚云“十月雷，人死用耙推”，如果有雾，俗称“沫露”，表示来年水大，谚云“十月沫露塘瀊，十一月沫露塘干”。而根据民间传说，农历十月十六日是寒婆婆[①]的生日（或是打柴的日子），老百姓有以这天天气好坏来推断整个冬季天气情况的习俗。

虽已入冬令，但天气并不十分寒冷，一些果树会开二次花，呈现出好似春三月的暖和天气，民众便称这种天气为“小阳春”。明代谢肇淛《五杂组》记载：“天地之气，四月多寒，而十月多暖，有桃李生华者，俗谓之‘小阳春’。”明代徐光启《农政全书·占候》也说：“冬初和暖，谓之‘十月小春’，又谓之‘晒糯谷天’。”天气好了，可以多晒晒糯谷。

---

① 据说寒婆婆是鲁班的母亲，农历十月十六日冻死后成了神仙，玉皇大帝因其冻死于严冬，称她为寒婆婆，并命她掌管冬季气候，特地恩准她在离开人世的这一天，下凡去备足冬天取暖的柴禾。所以，如果天气晴好，寒婆婆就上山打柴，有柴取暖那么整个冬季就雨雪不断；如果下雨下雪，寒婆婆怕冷不敢出门打柴，她就会多安排些晴天，整个冬季也就不太冷了。

由于地广物博，初冬时节的中原地区正处在秋收的扫尾阶段。《四民月令》记载十月的农事是："趣纳禾稼，毋或在野。"就是说人们要及时收获庄稼，不要把庄稼留在田里。据《礼记·月令》记载，孟冬十月天子会派官员巡视，让人们把露天堆放的禾稼、柴草全部收藏起来，如果到了十一月，农作物还不入库的话，旁人就可以将其取走，不会被责罚。而在东北地区，小雪时节是进山打猎的好时候。清代姚元之有一首《辽阳杂咏》写道："辽阳壮士气昂藏，北山杀虎如杀羊。传来小雪明朝是，检点长竿白蜡枪。"

"小雪封地，大雪封河"，在传统农作区域，人们的活动由户外逐渐转移到室内，进入"猫冬"的状态。当然，随着社会的发展，人们也会打破以往的猫冬习惯，利用冬闲时间大搞农副业生产，因地制宜进行冬季积肥、造肥、柳编和草编。

二、冬日则饮汤：饮食

小雪节气以后，西北风比较多，由于气温骤降，人体易感受寒邪而生病。因此，注意保暖必不可少。而此时，北方室内已供暖，室外非常寒冷。如果人们穿得过于严实，体内的热气散发不出去，就容易生"内火"。这个时间段里人们也喜欢热乎乎的东西，更容易助长体内火气，所以寒冬季节，应多吃白萝卜、白菜等当季食物，能清火、降气、消食。

入冬之后是腌菜的最好时候。从立冬开始，家家户户几乎都会腌制一些蔬菜以便过冬之需，只是每个地方选择的时间点并不相同。宋代诗人梅尧臣有《寒菜》诗曰："畦蔬收莫晚，圃吏已能使。根脆土将冻，叶萎霜渐浓。不应虚匕箸，还得间庖饔。旨蓄诗人咏，从来用御冬。"描写的就是冬季来临之时收藏蔬菜以供食用。华东江浙一带会在小雪时节腌寒菜，清代厉惕斋在其《真州竹枝词引》中记载了这个习俗："小雪后，人家腌菜，曰'寒菜'。"腌寒菜要一口一人高的大缸，缸里铺一层青菜、码一层盐，装到满满一缸了，人站上去踩实。等压实了，人出来后再抬一块大石头重重地压在上面，"寒菜"就算腌好了。小雪过后，河南人也腌"寒菜"。

小雪前后吃刨汤是土家族的风俗习惯。"刨汤"，指的是刚刚宰杀的猪，杀的猪是喂来自己家里过年吃的，过开水褪毛，趁着肉还没变成僵硬的肉块前，即烹制做成各种美味的鲜肉大餐，也叫"杀年猪"。有的杀猪匠会看"彩头"，从赶猪出栏开始，一直到猪断气，通过猪的反应、猪血的颜色和流法、猪断气前的各种细节来占卜主人家明年的运道。杀年猪要请亲朋好友，大家一起吃喝玩乐，热情的主人一般还要给来的客人送一刀肉。小雪前后吃刨汤，是寒冬里的一道大餐，也为即将到来的新年做好了充足的准备。

六出飞花入户时，坐看青竹变琼枝：大雪

大雪三候

鹖鴠不鸣：寒号鸟不再鸣叫[①]。

虎始交：老虎开始求偶交配。

荔挺出：小草凌寒而生。

积阴成大雪，看处乱霏霏。玉管鸣寒夜，披书晓绛帷。

黄钟随气改，鹖鸟不鸣时。何限苍生类，依依惜暮晖。

——卢相公、元相公：咏大雪十一月节

每年公历 12 月 7 日前后，当太阳运行至黄经 255 度时，是为大雪。当寒号鸟都不再鸣叫的时候，人们迎来了大雪时节。大雪，标志着仲冬时节的正式开始，万物已然蛰伏，自然仅余萧瑟，积寒凛冽、凝集为雪。

瑞雪兆丰年，自然是好的时候。《月令七十二候集解》曰："大雪，十一月节，至此而雪盛也。"时入仲冬，寒气凝固，雪量见涨，雪时也见长，大地时常呈现一片白色，洁白而清净。

大雪时节，我国大部分地区已进入冬季。东北、西北地区平均气温已达零下十度，黄河流域和华北地区气温也稳定

① 鹖鴠，东汉郑玄注《礼记·坊记》时说是一种"夜鸣求旦之鸟"，晋郭璞认为这种鸟夏月毛盛、冬月裸体、昼夜鸣叫，所以又称"寒号"，"似鸡，冬无毛，昼夜鸣，即寒号虫。"这鸟儿因为冬至日近，感知到了阳生气暖，所以不再鸣叫。

在零度以下，南方地区气候却温和少雨雪，华南地区还多雾，广州及珠三角一带却依然草木葱茏，与北方的气候相差很大。

一、大雪见三白：农事

大雪期间，是北方的农闲季节，几乎只有修葺禽舍、牲畜圈墙等基本农事工作，民谚曰："大雪纷纷是旱年，造塘修仓莫等闲。"所以此时要加紧兴修道路、修仓等事务，以备将来之需。而在南方地区，小麦、油菜等作物仍在缓慢生长，加强农作物的田间管理很重要：覆盖保温、预防霜冻、松土排水、防病治虫、追肥施肥等都是基本工作。

"大雪不寒明年旱"，如果大雪时节不降温，来年雨水不满，有可能导致干旱；"大雪下雪，来年雨不缺"，大雪节气下雪，预示着来年雨水充沛；"大雪不冻倒春寒"，如果大雪不冷的话，来年春天会"倒春寒"，要未雨绸缪，提前做好应对准备。

其实，民间有很多关于雪与农作物有关系的谚语，比如"瑞雪兆丰年""冬天麦盖三层被，来年枕着馒头睡""大雪兆丰年，无雪要遭殃""腊雪盖地，年岁加倍""雪多见丰年"等等。一场大雪使得田地像盖了一床棉被一样，土地里热量被保留，可以保护越冬农作物，一旦雪融化渗透到土里，越冬的虫卵则会被冻死，有利于农作物的生长。

"小雪腌菜，大雪腌肉"，大雪节气一到，我国南方地区的农人们开始准备过年的腊肠、腊肉等，到春节时正好可以享受美食。腊肉是我国湖北、湖南、江西、云南、四川、贵州、陕西等地的特产，已有约几千年的历史。《周易》中有“噬腊肉，遇毒；小吝，无咎”，《说文》释：“腊，干肉也。”[①] 古时，腊肉一般是指农历十二月（即腊月）打猎获得的上品猎物，多用来宗庙祭祀。一般来说，我国南方地区潮湿炎热，储存猎回的肉类十分困难，于是发明了腊肉，久而久之也就成了人们寒冬腊月里的吃食。“未曾过年，先肥屋檐”，说的就是到了大雪节气期间，会发现许多人家的门口、窗台都挂上了腌肉、香肠等，形成了一道亮丽的风景。

大雪时节还是台湾渔民捕获乌鱼的好时节。“小雪小到，大雪大到”，即是指从小雪时节，乌鱼群慢慢进入台湾海峡，到了大雪时节因为天气越来越冷，乌鱼群沿水温线向南回游，汇集的乌鱼也越来越多，产量非常高。

二、岁暮大雪天：娱乐

寒冬时节，大雪漫天。物资被储备起来留作过冬之用，俗称“冬藏”；人们从一年的繁忙农事中解放出来，俗称“冬闲”。冬闲时分，物候为准，人们会利用此时的自然条件，

---

① 关于干肉，孔子及其弟子的传说很是有趣。据传说，孔子对腊肉情有独钟，他曾说过：只要是送我十条腊肉，谁我都教，这十条腊肉被称为“束脩”。古代学生与教师初见面时，必先奉赠礼物，表示敬意，名曰“束脩”，基本上就是拜师费的意思，也可以理解为学费，唐代学校中仍采用束修之礼并同国家明确规定。

按照节令行事作息，或是观雪赏景，或是冰嬉作乐，纵情于天寒地冻之中，敞怀于傲雪凌霜的气势之下。

（一）玩雪

古人称雪为“五谷之精”，《埤雅》曰：“雪六出而成华”，“言凡草木华多五出，雪华独六出。”除却农事，雪景之美，也能激发人们此时对于自然物候的钟爱。从宋代开始，赏雪作为市井生活开始见于文献记载。《武林旧事》中描述了杭州城内的王室贵戚赏雪的去处：“禁中赏雪，多御明远楼”，眼前有通透琉璃，后苑有大小雪狮，并有雪灯、雪山，一片美景，赏心悦目。《东京梦华录》也有记载道：“豪贵之家，遇雪即开筵，塑雪狮，装雪灯，以会亲旧。”《梦粱录》也说当时临安人很喜欢在西湖赏雪。宋代居士张约斋在《赏心乐事》中为自己计划了一年四季可做的“赏心乐事”，其中十一、十二月中就有“绘幅楼前赏雪”“南湖赏雪”“瀛峦胜处赏雪”的宋代“旅行攻略”。而在古人留下的赏雪佳篇中，最著名的当属张岱在《陶庵梦忆》中所记的《湖心亭看雪》：

崇祯五年十二月，余住西湖。大雪三日，湖中人鸟声俱绝。是日更定矣，余拏一小舟，拥毳衣炉火，独往湖心亭看雪。雾凇沆砀，天与云与山与水，上下一白。湖上影子，惟长堤一痕、湖心亭一点，与余舟一芥、舟中人两三粒而已。

到亭上，有两人铺毡对坐，一童子烧酒，炉正沸。见余大喜曰：“湖中焉得更有此人！”拉余同饮。余强饮三大白而别。问其姓氏，是金陵人，客此。及下船，舟子喃喃曰："莫说相公痴，更有痴似相公者！"

清代以后，赏雪、玩雪之风在宫中更是盛行。清代宫廷画家郎世宁便有《乾隆赏雪图》。[①] 此外，煮雪烹茶算是古代文人的极致雅事。古人认为，雪乃凝天地灵气之物，从天而降、至纯无暇，是为煮茶的上品之水，以柴薪烧化雪水烹茶，可使茶香更清冽。唐代诗人白居易曾写诗描写煮雪烹茶的情趣，诗云："烂熳朝眠后，频伸晚起时。暖炉生火早，寒镜裹头迟。融雪煎香茗，调酥煮乳糜。慵馋还自哂，快活亦谁知。酒性温无毒，琴声淡不悲。荣公三乐外，仍弄小男儿。"宋代词人辛弃疾《六幺令》中也有："送君归后，细写茶经煮香雪"的描绘。明人高濂在《扫雪烹茶玩画》一文里这样说："茶以雪烹，味更清冽，所为半天河水是也。不受尘垢，幽人啜此，足以破寒。"雪自天而降，没有污染，虽是至寒之物，但是能够破寒。《红楼梦》中也描绘过妙玉的"煮雪烹茶"：

妙玉执壶，只向海内斟了约一杯。宝玉细细吃了，果觉轻浮无比……。黛玉因问："这也是旧年蠲的雨水？"妙玉冷笑道："你这么个人，竟是大俗人，连水也尝不出来。这是五年前我在玄墓蟠香寺住着，收的梅花上的

---

① 关于乾隆赏雪，还有一则有趣的民间传说：相传乾隆赏雪时即兴作了一首打油诗：一片一片又一片，三片四片五六片，七片八片九十片，到第四句时卡了壳，然后一旁的宰相刘墉应道：飞入梅花皆不见。

雪，共得了那一鬼脸青的花瓮一瓮，总舍不得吃，埋在地下，今年夏天才开了。我只吃过一回，这是第二回了。你怎么尝不出来？隔年蠲的雨水哪有这样轻浮，如何吃得。”

其实，陈年雪煮来烹茶约是可行，但实际上口感却未必上佳。梁实秋在散文《雪》中曾记述过自己尝试煮雪烹茶之事，结果他说：“我一点也不觉得两腋生风，反而觉得舌本闲强。我再检视那剩余的雪水，好像有用矾打的必要！空气污染，雪亦不能保持其清白。”如今受了污染的雪，大概已无法给人们当时的雅趣了。

（二）冰嬉

民谚有曰：“小雪封地，大雪封河。”到了大雪节气，河里的水都冻住了，人们可以在岸上欣赏封河风光，也可以到已然封冻的河面上尽情地滑冰嬉戏。

冰嬉，也称冰戏，主要包括寒冬冰上的各种娱乐或是竞技活动，雏形当为古时冰天雪地里的交通方式，后来逐渐成为人们军事生活乃至休闲生活的主要活动，大约在元明时期初见规模，至清代则大盛[①]。

隋唐时期，北方的室韦人在积雪的地方狩猎时“骑木而行”。《北史》中有曰：“气候最寒，雪深没马。冬则入山

① 也有人认为冰嬉起于宋代，据《宋史·礼志》记载，当时的皇帝就喜欢冰上的娱乐活动，在后苑里“观花，作冰嬉”。但是，有学者考证几种宋代文献，认为这种记述是“水嬉”的误写。

居土穴，土畜多冻死。饶麞鹿，射猎为务，食肉衣皮，凿冰没水中而网取鱼鳖。地多积雪，惧陷坑阱，骑木而行，人答即止。”《新唐书·回鹘列传》也记载人们：“俗乘木马驰冰上，以板藉足，屈木支腋，蹴辄百步，势迅激。”这里的木马以及行进方式很像现代的滑雪杖了。后来，北方的女真人用兽骨绑在脚下滑冰，逐渐演化成用一根直铁条嵌在鞋底上，便是最早的冰刀。清太祖努尔哈赤还专门组织了一支善于滑冰的部队，曾完成过“天降神兵”的经典战役[①]。

明代，冰嬉成为宫廷体育娱乐活动。宫词中也有关于冰嬉的描述：“琉璃新结御河水，一片光明镜面菱。西苑雪晴来往便，胡床稳坐快云腾。”《帝京景物略》更是记载了明代京城达贵子弟常在什刹海坐冰床赏雪豪饮之情景。

满族入关之后，将他们的冰嬉带入关内，并逐渐由一种军事训练发展成为举国上下都十分喜欢的娱乐活动。《日下旧闻考》记载有：“（太液池）冬月则陈冰嬉，习劳行赏，以简武事而修国俗云。”太液池就是现在北京的北海公园。按照清代的规定，每年冬天都要在这里检阅八旗溜冰，时称“春耕藉以劳农，冬冰嬉而阅武”。记载清代中前期典章制度的《皇朝文献通考》对检阅准备工作有着详细的描述：“每

① 据《清语择钞》记载，公元1618年冬，努尔哈赤率部远征巴尔特虎部落时驻守的墨根城被敌兵围困，此时大雪封路，行军困难，要是等救兵赶来，早就被困死了。在这千钧一发的时刻，队长带领冰上特种队前去救援，他们穿上冰鞋，把火炮支在雪橇上，沿着封冻的河面风驰电掣，一日就滑行了七百多里，当火炮轰到敌营时，敌人乱作一团，以为神兵自天而降。

岁十月，咨取八旗及前锋统领、护军统领等处，每旗照定数各挑选善走冰者二百名，内务府预备冰鞋、行头、弓箭、球架等项。至冬至后驾幸瀛台等处，陈设冰嬉及较射、天球等伎。”自乾隆皇帝将冰嬉正式列入国家制度以后，接下来的嘉庆、道光、咸丰三朝，冰嬉都成为万人同赏、共享升平的社会活动，《都门竹枝词》中曾描绘当时盛景：“金鳌玉蝀画图开，猎猎风声卷地回。冻合琉璃明似镜，万人围看跑冰来。”

清代北京民间的冰嬉活动也很盛行，开展得最为广泛的应该是速度滑冰，晚清诗人爱新觉罗·宝廷曾绘声绘色地描写过速度滑冰的形态：

> 朔风卷地河水凝，新冰一片如砥平。
> 何人冒寒作冰嬉，炼铁贯韦当行滕。
> 铁若剑脊冰若镜，以履踏剑摩镜行。
> 其疾如矢矢逊疾，剑脊镜面刮有声。
> 左足未住右足进，指前踵后相送迎。
> 有时故意作欹侧，凌虚取势斜燕轻。
> 飘然而行陡然止，操纵自我随纵横。

那时不仅有速度滑冰，还有花样滑冰，每一种花样滑冰的姿势都有一个动听的名称，比如“金鸡独立”“哪吒探海”等。清朝乾隆年间，张为邦和姚文瀚所作的《冰嬉图》即描绘了花样滑冰的表演，场面壮观。

当时民间也很盛行冰球运动，据《帝京岁时纪胜》所载：“金海冰上作蹙鞠之戏，每队数十人，各有统领，分位而立，以革为球，掷于空中，俟其将坠，群起而争之，以得者为胜。或此队之人将得，则彼队之人蹴之令远，欢腾驰逐，以便捷勇敢为能。”蹙鞠，即为蹴鞠，是将滑冰与蹴鞠相结合的竞技活动，也被称为“冰上蹴鞠”。参赛者一般分为两队，御前侍卫把一个球踢向两队中间，众人开始争抢，抢到球者再把球抛给自己的队友，抢球时可能手脚并用，既可以用手掷也可以用脚踢。清代康熙时江宁织造曹寅（《红楼梦》作者曹雪芹之祖父）曾有《冰上打球诗》云：“青靴窄窄虎牙缠，豹脊双分两队园。整洁一齐偷着眼，彩云飞下白云间。”

与冰上蹴鞠名字类似而玩法完全不同的是冰蹴球，大概出自清乾隆年间一种叫做“踢盖火”的游戏。“盖火”，即是古代盖在炉口用来封住火焰的铁器，在娱乐设施并不发达的时间里也曾被当做玩具使用，清代《百戏竹枝词》载“蹋鞠场上浪荡争，一时捷足趁坚冰，铁球多似皮球踢，何不金丸逐九陵”，并注释曰：“蹋鞠，俗名踢球，置二铁丸，更相踏墩，以能互击为胜，无赖戏也。”冰蹴球的玩法大概与现在的冰壶运动相似，只不过是用脚踢而不是用手投掷。2017 年 5 月，冰蹴球被正式列为北京市西城区非物质文化遗产。

一阳来复气回新：冬至

冬至三候

蚯蚓结：蚯蚓蜷缩着身体，躲在土里过冬。

麋鹿解：麋感阴气渐退而解角[①]。

水泉动：山中的泉水开始流动。

二气俱生处，周家正立年。岁星瞻北极，舜日照南天。拜庆朝金殿，欢娱列绮筵。万邦歌有道，谁敢动征边？

——卢相公、元相公：咏大寒十二月中

每年公历12月22日前后，当太阳运行至黄经270度时，是为冬至。蚯蚓依然蜗居，山泉开始流动，人们迎来了冬季最重要的一个节气——冬至。在我国传统社会之中，冬至既是一个重要的节气，也是人们普天同庆的传统节日，因此民间有“冬至大如年”的说法。二十四节气始于冬至，其自确定起承载的是自然物候的更迭、文化意蕴的象征以及民族精神的表达，是人们在自然时节的交接中进行生命自我更新的重要时间段落。

冬至日，正是阳气开始萌生之时。《月令七十二候集解》载：“十一月中，终藏之气，至此而极也。”此日阴极而阳始至。冬至这天，太阳直射南回归线，此时北半球白昼最短，随后

① 麋与鹿同科，但是古人认为鹿是山兽，所以为阳；麋是水泽之兽且角朝后生，所以为阴。

阳光直射位置逐渐向北移动，白昼慢慢变长，所以有俗语说："吃了冬至面，一天长一线。"因此，冬至有时也代表着一年之始①。

冬至萌芽于殷商时期，是最早被确定的节气之一。有部分学者是通过分析卜辞的记日法得到殷商时代已经存在两至的结论；也有部分学者认为甲骨文中的阜、甲、中等字的本意都取自"立表测影"，表示殷商时期已经可以通过这种办法确定时刻和冬至与夏至两个节气。西周时期，《尚书·尧典》中记载了帝尧时代的四时观象授时的工作，并以"日中""日永""宵中""日短"分别代表春分、夏至、秋分、冬至，同时测定了一个回归年的长度。《左传·僖公五年》记曰："五年春，王正月辛亥朔，日南至。公既视朔，遂登观台以望。而书，礼也。凡分、至、启、闭，必书云物，为备故也。"这里记载的是冬至（即日南至）这天，鲁僖公太庙听政以后登上观台观测天象并加以记载，而《吕氏春秋》《逸周书·时训解》《周髀算经》《淮南子·天文训》等文献开始记录作为二十四节气的"冬至"。

① 古代历法中有"月建"之说，就是把一年十二个月和天上的十二辰联系起来。十二辰即是把黄道（即太阳一年在天空中移动一圈的路线）附近的一周天十二等分，由东向西配以子，丑，寅，卯，辰，巳，午，未，申，酉，戌，亥十二支。根据北斗星斗柄所指十二辰中的不同位置来确定十二月份，并以日南至（即冬至）所在之朔望月的日月相会日（朔日），北斗斗柄指辰位为首位——子，即为建子之月，也就是农历十一月。

一、晴过冬至兆丰穰

民谚有曰："冬至天气晴，来年百果生。"冬至虽然是萧杀的季节，却也是农耕生活的重要时间节点。冬至时节，光照最短，农事多以果蔬畜牧安全过冬为主。除此之外，由于天气的原因，冬至前后最需要重点关注的是严寒气候有可能产生的危害。所以，民间自古就会用各种各样的方式占卜气候、禳灾祈福。

作为节气，冬至本就起于天象与方位观测。《周礼·地官》有："以土圭之法测土深，正日景（影），以求地中。"《周礼·春官》也有："土圭以致四时日月，封国则以土地。"土圭，是旧时一种测日影长短的工具，通过测量土圭显示土圭的日影长短，前文所说的殷商时期即是使用这种方法来确定冬至和夏至。同时也求得不东、不西、不南、不北之地，也就是"地中"，是为天地、四时、风雨、阴阳的交会之处，也就是宇宙间阴阳冲和的中心，自然也就成为国都所在地的最佳位置。

冬至观天象以预测未来也成为古时常态，其方法也是多种多样：

1. 观云。《太平御览》引《易通卦验》曰："冬至之日，见云送迎从下向，来岁美，人民和，不疾疫；无云送迎，德薄，岁恶。故其云赤者旱，黑者水，白者为兵，黄者有土功，诸从日气送迎其征也。"意思就是冬至日如果有云则一年和美，如果无云则一年危机，云是红色代表干旱、黑色代表水患、白色会有战争、黄色会有地质灾害。

2. 悬土炭。《史记》载："冬至，短极，悬土炭。"这是一个简单的测定湿度的办法：在冬至前三日，悬土和炭分别于天平木杆两端，让两边轻重刚好平衡。到了冬至日，阳气至，炭那边就会重；到了夏至日，阴气至，则土那边就会重。也就是说，如果空气干燥，炭中水分散发快，会变轻，放炭这端就会上升；如果空气湿度增加，正好相反，此即《淮南子·天文训》中所谓："燥故炭轻，湿故炭重。"

3. 葭灰占律。葭灰，也叫葭莩之灰，葭是指初生的芦苇；葭莩则是指芦苇秆内壁的薄膜，葭灰便是烧苇膜成灰，可以占卜气候。《太玄经》曰："冬至及夜半以后者，近玄之象也。进而未极，往而未至，虚而未满，故谓之近玄也。"又曰："调律者度竹为管，芦莩为灰，列之九间之中，漠然无动，寂然无声，微风不起，纤尘不形，冬至夜半，黄钟以应。"宋代汪宗臣《水调歌头》有曰："候应黄钟动，吹出百葭灰。五云重压头上，潜蛰地中雷。莫道希声妙寂，嶰竹雄鸣合凤，九寸律初裁。欲识天心处，请问学颜回。"古人于冬至之日用葭莩之灰来占卜气候，依据的是古乐理论中的"十二律"[①]。在冬至前三日将长短不一的十二律管摆好，放入葭灰，用十二个律管对应十二个中气，当某个律管中葭灰扬起，意味着对应的中

① "十二律"即古乐的十二调，是古代的定音方法，各律从低到高依次为：黄钟、大吕、太簇、夹钟、姑洗（gū xiǎn）、中吕、蕤宾（ruí bīn）、林钟、夷则、南吕、无射（wú yì）、应钟。十二律与地支及月份对应关系：黄钟（子，十一月）、大吕（丑，十二月）、太簇（寅，正月）、夹钟（卯，二月）、姑洗（辰，三月）、中吕（巳，四月）、蕤宾（午，五月）、林钟（未，六月）、夷则（申，七月）、南吕（酉，八月）、无射（戌，九月）、应钟（亥，十月）。

气来到。按照古人的经验，冬至日葭灰当从黄钟律管中飞出。

4. 其他。观风：“冬至西北风，来年干一春”“冬至有风冷半冬”；观雨：“冬至阴天，来年春旱”“冬至晴，年必雨”“冬至出日头，过年冻死牛”；观雪：“冬至无雪刮大风，来年六月雨水多”“冬至有雪来年旱”；观霜：“冬至没打霜，夏至干长江”“冬至打霜来年旱”等等。

二、冬至不端饺子碗，冻掉耳朵没人管

冬至开始，正是阳气萌芽、回转的时候，也正是顺应自然、激发人体阳气上升的最佳时节。《黄帝内经》曰：“阳气者，若天与日，失其所，则折寿而不彰。”阳气的虚衰将会导致我们的身体出现健康问题。“气始于冬至”，从冬至开始生命活动开始由衰转盛、由静转动，此时顺时而动有助于保证旺盛的精力，达到延年益寿的目的。在天气寒冷、阳气伏藏的时节，人们的传统饮食上基本都以温热为主，常见糯米、狗肉、大枣、桂圆、芝麻、韭菜、木耳等食物。

关于冬至的吃食，民间有“冬至饺子夏至面”的说法，史籍却更常见“冬至馄饨夏至面”的记述。

宋代以来，我国民间已有在冬至之日吃馄饨的饮食习俗。宋代陈元靓《岁时广记》中记载：“京师人家，冬至多食馄饨，故有冬馄饨年餢飳之说。”清代富察敦崇《燕京岁时记》中记载的京师民谚也是：“冬至馄饨夏至面。”《帝京岁时纪胜》

中又记载：“预日为冬夜，祀祖羹饭之外，以细肉馅包角儿奉献。谚所谓‘冬至馄饨夏至面’之遗意也。”清末民初徐珂编撰的《清稗类钞·饮食》对这种冬至节令饮食描绘得更加详细：“馄饨，点心也，汉代已有之。以薄面为皮，有襞积，人呼之曰绉纱馄饨，取其形似也。中裹以馅，咸甜均有之。其熟之之法，则为蒸，为煮，为煎。”[①]

冬至节气，不但民间有吃馄饨的习俗，宫廷里也吃馄饨。清代乾隆皇帝崇尚佛教，据传冬至之日吃的馄饨是素馅儿的。江南地区，冬至吃馄饨，民间传说与西施有关：春秋战国时期，吴王夫差打败越国同时得到绝代美女西施后得意忘形，终日沉湎酒色、不问国事。有一年的冬至，吃腻山珍海味的吴王没有食欲，西施便做出一种新式点心献给吴王。吴王一尝，鲜美至极，便问道：“这是何点心？”西施暗想：昏君成天

---

① 对于冬至之日吃馄饨的原因，民间观念大致有三种说法：第一种说法认为，馄饨初为宋代祭祖的供品，馄饨是原始宗教中祖先崇拜在后世的演变。馄饨像鸡卵，鸡卵如混沌未开之象，人们于冬至之日吃馄饨乃是纪念远古混沌未开时，盘古氏开天辟地创造世界之功。析其“馄饨”二字，本是傍三点水，盖因做食物之名，又因祭祀祖先，也就由“混沌”改成食字为旁的“馄饨”了。第二种说法是，冬至之日为道教的元始天尊诞辰。道教认为，元始天尊应世象征混沌未分、道气未显的第一大世纪，故民间有吃馄饨的习俗。《燕京岁时记》称：“夫馄饨之形有如鸡卵，颇似天地混沌之象，故于冬日食之。”实际上，“馄饨”与“混沌”谐音，故民间将馄饨引申为打破混沌，开辟天地。后世不再解释其原义，只流传所谓“冬至馄饨夏至面”的谚语，把它当成一种节令食物而已。第三种说法是，汉朝时北方匈奴经常骚扰边疆，百姓不得安宁。当时匈奴部落中有浑氏和屯氏两个首领，十分凶残。百姓对他们恨之入骨，于是用肉馅包成角儿，取“浑”与“屯”之音，呼作“馄饨”。恨以食之，并求平息战乱，能过上太平日子。因最初制成馄饨是在冬至这一天，所以在冬至这天便有了家家户户吃馄饨的习俗。

浑浑噩噩，便随口应道："馄饨。"从此，这种点心便以"馄饨"为名流入吴越人家。为了纪念西施，后来还把它定为冬至时令食物。

冬至吃饺子，则是我国北方地区的传统习俗，俗语曰："冬至不端饺子碗，冻掉耳朵没人管。"有学者考证，其实明清史籍中并未发现"冬至饺子夏至面"的记载，所以认为"冬至吃饺子"是清末民初乃至民国时期才有的冬至习俗。民间传说，冬至吃饺子的习俗与医圣张仲景有关。据说张仲景在隆冬时节专门舍药为穷人治冻伤，他把羊肉、辣椒和祛寒的药材放在锅里，熬到火候时再把羊肉和药材捞出来切碎，用面皮包成耳朵样子的"娇耳"下锅煮熟，分给治病的穷人，这药就叫"祛寒娇耳汤"。人们吃后，顿觉全身温暖，两耳发热。从冬至起，张仲景天天舍药，一直舍到大年三十。乡亲们的耳朵都被他治好了，欢欢喜喜地过了个好年。从此以后，每到冬至，人们也模仿着做娇耳的食物，为了跟药方区别，就改称饺耳，后来人们就叫饺子了。天长日久便形成了习俗，每到冬至这天，家家都吃饺子。

江浙一带冬至应节的食品更多的是汤圆，也把冬至所吃的汤圆称为"冬至团"或"冬至圆"，用糯米粉做成。据《清嘉录》载："有馅而大者为粉团，冬至夜祭先品也；无馅而小者为粉圆，冬至朝供神品也。"也就是说，冬至的汤圆一般会分为粉团和粉圆两种，有馅儿的、大一点儿的是粉团，多用于晚上；没馅儿的、小一点儿的是粉圆，多用于早上。

而在闽南地区，这种“冬至团”又被称作“冬节丸”。冬至前夕，家家户户要“搓丸”。冬至早晨，先以甜丸汤敬奉祖先，然后全家再以甜丸汤为早餐。福建泉州人吃丸，称元宵丸为“头丸（圆）”，冬至节为“尾丸（圆）”，这样头尾都圆，是意味着全家人整年从头到尾一切圆满，但是清嘉庆《惠安县志》是这样解释的：“十一月，冬至，阳气始萌，食米丸，乃粘丸于门。凡阳尚圆，阴尚方，五月阳始生，黍先谷而熟，而为角黍，以象阴，角，方也。冬至阳始生，则为米丸，以象阳，丸、圆也；各以其类象之。夏至不以为节，抑阴也。”有的人家还于餐后留下几粒丸，粘于门窗、桌柜、牛舍、猪圈、水井等处，祈求诸神保佑居家平安的意思。

江南水乡还有冬至之夜全家吃赤豆糯米饭的习俗，被称为“冬至粥”。民间传说，这个习俗来自于共工之子，《岁时杂记》云：“共工氏有不才子，冬至为疫鬼，畏赤豆，故是日作豆粥厌之。”也就是说，共工的儿子作恶多端，死于冬至这一天，变成疫鬼，但是最怕赤豆，所以人们就在冬至这一天吃赤豆饭，用以驱避疫鬼。而我国东北地区的朝鲜族，冬至也吃赤豆粥，这在朝鲜文献《东国岁时记》中也有记载。

安徽合肥的民间有冬至吃面的习俗，即前文所说的俗谚：“吃了冬至面，一天长一线。”冬至过后，又到数九寒天，在冰天雪地的严冬季节，一碗热腾腾的鸡蛋挂面吃过之后，日照时间就会越来越长了。

冬至时节，粤地有吃鱼生的习俗。鱼生，古代称为“脍”

或“鲙”，其实也就是生鱼片。清代有一首《竹枝词》记述了广州人过冬至的情形：“雪花从不洒仙城，冬至阳回日日晴。萝卜正佳篱菊放，晶盘五色进鱼生。”后又注云：“冬至日，以鱼脍杂萝卜、菊花、姜、桂啖之，曰食鱼生。”粤俗嗜食鱼生，冬至吃鱼生，当也源自人们对于阴阳转换的认识，即此时阴极而阳始至，所以明末清初屈大均在《广东新语》中说：“凡有鳞之鱼，喜游水上，阳类也。冬至一阳生，生食之所以助阳也。”

与此同理的还有冬至吃羊汤的习俗。羊肉味甘、性温，暖中祛寒，温补气血所以冬天很适合吃羊肉。在山东滕州，冬至这天被称作伏九，家家都要喝羊肉汤，晚辈还要给长辈送诸如羊肉等的礼品。

三、先知应候风：娱乐

飘萧北风起，皓雪纷满庭。节气逢冬至，也正是人们日常生活里最为闲适与自在的时刻，三五成群、把酒言欢，更乃赏心乐事。节气逢冬至，更是人们在惴惴不安与洋洋得意的矛盾之中祈盼未来的重要节点，画梅也好，描红也罢，下一个充满希望的春天就在人们的一笔一划里慢慢到来。

“数九”是在我国北方特别是黄河中下游地区更为适用的一种节气计算方法，从冬至这天开始算起，进入“数九”（也称“交九”），以后每九天为一个单位，过了九个“九”，刚好八十一天，即为“出九”，此时正好春暖花开。从目前我国各地流传的数九歌来看，这个习俗基本是由黄河流域农人们数着严冬腊月的日子过生活，慢慢等待来年开春进行耕作而盛行的：一九二九不出手。三九四九冰上走。五九六九沿河看柳。七九河开，八九燕来。九九加一九，犁牛遍地走。当然也有通过“数九”预测未来天气的记载，清代林溥在《西山渔唱》中写道：“冬至消寒九九时，丰年预卜可全知。那能九九全飞雪，四五须教莫误期。”

冬至开始数九，数九歌诀流传于民众之口，描述的是冬日里的时季感受及农耕生活，而消寒图则是以图画或文字的形式标示着由冬向春的转换过程，主要为闺阁女子、文人雅士所习用。染梅与填字是描画消寒图的两种流行方式。

染梅是对一枝有八十一片花瓣的素梅的逐次涂染，每天染一瓣，染完所有花瓣便出九。这种梅花消寒图最早见于元代，杨允孚《滦京杂咏》有诗曰：“试数窗间九九图，馀寒消尽暖回初。梅花点遍无馀白，看到今朝是杏株。”这种图画版的九九消寒图又被称作“雅图”，明代刘侗、于奕正在《帝京景物略·春场》中也写道：“日冬至，画素梅一枝，为瓣八十有一，日染一瓣，瓣尽而九九出，则春深矣，曰‘九九消寒图’。”还有与染梅类似的另一种涂圈方式：将宣纸等分为九格，每格墨印九个圆圈，从冬至日起每天填充一个圆圈，每天涂一圈。填充的方法根据天气决定，填充规则通常为：上涂阴下涂晴，左风右雨雪当中。阴天涂圈上半部，晴天涂下半部，刮风涂左半部，下雨涂右半部，下雪就涂在中间。

填字则是对九笔画且笔画中空的九个字进行涂描，这九个字多组成诗句，从冬至日起，每天依笔顺描画一笔，九天成一字，九九则诗句成，数九也完毕。《清稗类钞·时令类》有记：“宣宗御制词，有‘亭前垂柳，珍重待春风’（注：均为繁体字）二句，句各九言，言各九画，其后双钩之，装潢成幅，曰九九消寒图，题“管城春色”四字于其端。南书房翰林日以“阴晴风雪”注之，自冬至始，日填一画，凡八十一日而毕事。”

在阳气上升的时节，人们涂染凌霜傲寒的梅花或是描摹召唤春意的垂柳，都表达着对于来年春天的盼望之情。但是，画九、写九实为高雅的娱乐方式，大抵和灯谜、酒令、对联等有着异曲同工之妙，后来便自然而然地成为文人墨客、闺阁女眷的冬日消遣之举。

入冬后天寒地冻、万里冰封，此时闲暇的时光颇多，旧时从冬至开始，贵族豪富、文人雅士们每逢“九”日一聚，或围炉宴饮，或鉴赏古玩，或分韵赋诗，谓之“消寒会”。据考证，“消寒会”约始于唐末，也称“暖冬会”，据五代《开元天宝遗事·扫雪迎宾》所记：唐时长安有名豪富，每当雪天寒冷之时，便会叫仆人在自家的街道口的雪地扫出一条小路，自己站在路口前，拱手行礼迎接宾客，为客人准备菜肴宴饮寻乐，称为“暖寒之会”。

清代，消寒会成为冬至之后文人雅士的重要活动，内容十分丰富。据《燕京杂记》载：“冬月，士大夫约同人围炉饮酒，迭为宾主，谓之‘消寒’。好事者联以九人，定以九日，取九九消寒之义。”更有甚者，以九盘九碗为餐，饮酒时亦必以“九”或与“九”相关之事物为酒令。《梦园丛说》也载：“冬则唐花尤盛。每当毡帘窣地，兽炭炽炉，暖室如春，浓香四溢，招三五良朋，作‘消寒会’。煮卫河银鱼，烧膳房鹿尾，佐以涌金楼之佳酿，南烹北炙，杂然前陈，战拇飞花，觥筹交错，致足乐也。”这里的“唐花”又名“堂花”，出自“煻（即用火烘）花”，也就是植于密室里用加温的方法使其早开的鲜花。宋朝时，杭州马睦出售的唐花最为著名。明代张萱《疑耀》中对于京师以地窖养花习俗有着较为具体的记述：“今京师风俗，入冬以地窖养花，其法自汉已有之。”北方天寒，农人所培植的唐花一般供新春之用，如《燕京岁时记》中记载曰：“谓熏治之花为唐花。每至新年，互相馈赠。牡丹呈艳，金橘垂黄，满座芬芳，温香扑鼻，三春艳冶，尽在一堂，故又谓之堂花也。”寒冬时节赏花自然是乐事。一般来说，旧时一年四季的花期从寒冬腊梅开始，但是后来随着农业技术的进步，花农往往可以利用窖藏技术使花提前开放，即在温室培植鲜花。宋人所著的《齐东野语》中说：“凡花之早放者，名曰堂（或作塘）花，其法以纸饰密室，凿地作坎，緶竹置花其上，粪以牛溲硫磺，尽培溉之法。然后置沸汤于坎中，汤气熏蒸，则扇之以微风，盎然盛春融淑之气，经宿则花放矣。”可见，冬日赏花、吃肉、饮酒、作乐，算是闭塞的时间里人们几近疯狂的举动了，其中蕴含的多是对于过去的追忆和对于未来的向往，也更多地表明了人们在节气转换时段里的忐忑。直到近时，北京地区的某些人士仍保留着消寒的遗风。

三、团奕同社：社交

节逢清景空，气占二仪中。节气逢冬至，正是人们传统观念里的阴阳交割之时，无论是对自己还是对家人和朋友都会有一些祝福，祈求可以顺利度过生命的转折之时。

古时，冬至月曾在较长时期内作为岁末之月或岁首之月，后被称为“亚岁”。“亚岁”之说至迟起于唐代，有《冬至日》中的诗句为证：“亚岁崇佳宴，华轩照绿波。”而正因为冬至有“亚岁”之说，所以平常人家就以冬至前之夜称为“冬除”。清代江南地区依然极重冬至前一日，称为“除夜”，而之前所说的冬至这一天吃冬至团，吃了就长一岁，谓之“添岁”。因此，贺冬犹如贺年。

冬至前夕，亲友之间一般会相互祝贺或是馈送节令食品，称为“贺冬”。唐人杜牧《冬至日寄小侄阿宜诗》云：“去岁冬至日，拜我立我旁。祝尔愿尔贵，仍且寿命长。”描写的正是其在冬至日接受小侄拜贺的情形。冬至祝拜的习俗在宋代江南地区更为热闹，正如《豹隐纪谈》所说：“吴门风俗多重至节，谓曰‘肥冬瘦年’，互送节物。”也有诗曰：“至节家家讲物仪，迎来送去费心机。脚钱尽处浑闲事，原物多时却再归。”送来送去，最后收到的却是自己先前送给别人的礼物。清朝吴地还传袭着这一习俗，如《清嘉录》说：

"郡人最重冬至节，先日，亲朋各以食物相馈送，提筐担盒，充斥道路。"这种筐或是盒，民间称之为"冬至盘"。

冬至祭孔与拜师是我国自古以来尊师重教传统的集中表现。"释菜"亦作"释采"，是古代入学时祭祀至圣先师的一种仪式。《礼记·月令》有："上丁，命乐正习舞，释菜。"郑玄注："将舞，必释菜于先师以礼之。"[①]清代康熙年间的《定兴县志》也有记载："冬至，释菜先师孔子，师率弟子行礼，弟子拜师，窗友互拜，谓之'拜冬'。教授于家者以次日宴饮弟子，答其终岁之仪，多食馄饨。"民国时期的《新河县志》载："长至日拜圣寿，外乡塾弟子各拜业师，谓'拜冬余'。""圣"指圣人孔子，"拜圣寿"就是给孔圣人拜寿。因为"冬至大过年"，所以有的地方人们认为过了冬至日就长一岁，为之"增寿"，所以需要拜贺，举行祭孔仪式，有的地方甚至学生家长也与子弟一起参加拜师和宴会活动。

祭拜孔子时，有的地方要挂孔子像，下边写"大成至圣先师孔子像"，有的地方设木主牌位，木牌上写"大成至圣文宣王之位"。而据民国时期的《清河县志》记载，在冬至祭孔时还要"拜烧字纸"，或是认为爱惜字纸是对圣人尊重

① 关于释菜礼，民间有一个有趣的传说：相传春秋时，孔子周游列国时被困于陈蔡之间，只能靠煮灰菜为食。尽管如此，弟子颜渊仍坚持每天从野外采摘野菜，回来在老师门口行礼致敬，以表示自己从师学艺的决心。颜渊的举动得到了后人的崇敬，人们在祭祀孔子的时候也对他行祭奠礼，既是对颜渊尊师的赞颂，也是对刚入学的学生进行一次尊师教育。

的表现，所以把带字的废纸收集起来，在祭孔时一齐烧掉。被誉为“中国最后一位女先生”的叶嘉莹在回忆自己学诗词之初时，就曾经拜过孔子的牌位。如今在民间仍有冬至节请教师吃饭的习俗。

冬至时节，民间还有向长辈赠送鞋袜的习俗，人们多认为肇始于曹植的《冬至献袜履表》，即三国时期曹植在冬至日向他的“父王”曹操献鞋袜时所上的表章。其文曰：

伏见旧仪，国家冬至，献履贡袜，所以迎福践长，先臣或为之颂。臣既玩其嘉藻，愿述朝庆。千载昌期，一阳嘉节。四方交泰，万汇昭苏。亚岁迎祥，履长纳庆。不胜感节，情系帷幄。拜表奉贺，并献纹履七量，袜若干副。茅茨之陋，不足以如金门、登玉台也。上献以闻，谨献。

由此可知，曹植认为冬至献袜履乃前承古事，顺应天时兼之表达为儿为臣的孝心和忠心，盼望父亲穿上自己所献鞋袜，行走平稳。据文献记载，冬至给长辈送鞋袜的习俗至迟在汉代便已流行起来，《中华古今注》有曰：“汉有绣鸳鸯履，昭帝令冬至日上舅姑（即公公婆婆）。”自此以后，冬至向老人“献袜履”在历代都是普遍流行的，很多古籍都有记载。北魏崔浩在《司仪》中曾解释：近古妇女常以冬至日进履袜给公婆；北朝人不穿履，当进靴。无论靴履，都在于其“践长”的象征意义。靴上的文词有“履端践长，阳从下迁，利见大人，向兹永年”等，正体现着其“祈永年，除凶殃”的内心愿望。浙江《临安岁时记》也载：“冬至俗称“亚岁”，……妇女献鞋袜于尊长，盖古人履长之意也。”如今，山东曲阜的妇女还会在冬至日前做好布鞋，冬至日赠送公婆。

冬至之后，虽然日照逐渐增多，但却仍旧寒冷，在一阳新生、白昼渐长的时节，后辈应时给老人奉上新鞋、新袜，显见的作用是帮助老人度过严寒，更重要的是通过这样的献履仪式，希望长辈们能够在新岁之始，以新的步履顺时而进、健康长寿。

四、尽去作商贾：商贸

商业已经发展起来的时代，冬至也是一个重要的时间段落。上海旧时商家店铺以冬至为年度收支结算的截止期，店家老板于这一天邀雇员吃冬至酒，饭后收账人员便四处催收欠款，一直到除夕为止。在浙江乌青，俗称冬至为“小年夜”，冬至日前后，各个商家会前往乡间收账，俗称“冬至账”。而在台湾基隆，冬至日为各种契约单据签订和履行之期。

江苏淮阴等地，农人们在冬至这天解雇或者更换长工。河南林县也以冬至日为长工期满之时，农家必以丰盛的饭食犒劳。在山西，佣工于是日与东家结算工钱，准备回家，东家设宴款待，并商议下一年相关事宜。至今，一些农村个体户、私营企业，还保留此俗，在冬至节设宴犒劳雇工。

闽南商家则在冬至前后举行“尾牙”，这是一种在祭祀土地神的基础上发展起来的商业习俗。“牙”即是闽南民间祭拜土地公的仪式，农历每月初二和十六，做生意的人都会准备一些祭品进行祭拜，祭拜后的菜肴可以给家人或伙计打打牙祭，因此也称“作牙”。农历的二月二日是头牙，十二月十六日便是尾牙。

早期，商家要解雇伙计或工人都利用“尾牙”这一顿饭来暗示。尾牙宴的主菜是白斩鸡，雇主如果想要解聘哪一位伙计，便会将鸡头相向，雇主如果不想解聘任何一位伙计，便会将鸡头朝向自己或将鸡头拿掉。旧时有诗云：“一年伙计酬杯酒，万户香烟谢土神。”上句是用宋太祖“杯酒释兵权”的典故说雇主要辞退伙计，下句便是尾牙时节家家户户都在祭祀土地公。闽南地区也有俗谚说：“食尾牙面忧忧，食头牙跷脚捻嘴须”，说的就是伙计吃头牙和吃尾牙的不同心情。发展到今天，各公司企业也在年末某日举行聚餐晚会和员工联谊活动，称作尾牙宴，以感谢和表彰员工一年以来的辛勤工作。

五、天时人事日相催：祭祀

古时，人们对于冬至常常怀着畏惧之心，《周易》曰：

“先王以至日闭关，商旅不行，后不省方。”《后汉书》记载：“冬至前后，君子安身静体，百官绝事，不听政，择吉辰而后省事。”直到唐代，冬至还是一个值得放长假的岁时节日，《唐六典》有曰：“内外官吏则有假宁之节，谓元日、冬至各给假七日。”也就是说，此时冬至的节假时间与春节一样，都是七天长假。明代，太祖朱元璋在位时，百废待举、政务繁忙，便规定一年只有春节、万寿节（皇帝的生日）和冬至。此外，归顺明朝的朝鲜也定期派使臣来朝贺，过冬至节，被称为冬至使，一直沿袭至清代。由此看来，从上至下，冬至都不仅仅是一个节气这么简单，也就难怪民间会有“冬至大如年”的说法了。从古代民间信仰来看，冬至时分，农事终结，万物俱寂，阴阳交割，春日待启，大自然的一切都处于由死转生的微妙节点之上，人类应小心谨慎地度过。

自古以来，我国传统社会在冬至这天还有祭天习俗。《周礼·春官》记有“以冬日至，致天神人鬼”的祭祀仪式，表达对于旧岁的纪念、对于新岁的祈盼。《周礼·大司乐》：“冬日至，于地上之圜丘奏之。”《易经》说卦曰：“乾为天，为圜。”可知周代祭天的正祭是每年冬至之日在国都南郊圜丘举行。圜，即圆，古人认为天圆地方，圆形正是天的形象，而圜丘就是一座圆形的祭坛。圜丘祀天、方丘祭地，两者都在郊外，所以称为“郊祀”。《宋史·志》云：“冬至圜丘祭昊天上帝。”祭祀“昊天上帝”被视为重要岁时仪式之一，祭天的时间自唐代开始便规定在冬至这一天[①]。此后，宋至明初有一段时间合祀天地，直到明嘉靖九年（公元 1530 年）的更定祀典又重新分祀[②]，并沿袭至清末。作为古代郊祀最主要的形式之一，冬至祭天的礼仪极其隆重与繁复。一般过程如下。

祭前准备：前五日，派亲王到牺牲所察看为祭天时屠宰而准备的牲畜；前三日，皇帝开始斋戒；前二日，书写好祝版上的祝文；前一日，宰好牲畜，制作好祭品，整理神库祭器；皇帝阅祝版，至皇穹宇上香，到圜丘坛看神位，去神库视边豆、神厨视牲，然后回到斋宫斋戒；祀日前夜，由太常寺卿率部下安排好神牌位、供器、祭品；乐部就绪乐队陈设；最后由礼部侍郎进行全面检查。

祭天时辰为日出前七刻。时辰一到，斋宫鸣太和钟，皇帝起驾至圜丘坛，钟声止，鼓乐声起，大典正式开始。

---

① 关于祭祀流程，据《东京梦华录》记载：冬至前一天，礼部尚书亲自奏请祭祀，祭祀队伍以银甲铁马的骑兵为前导，后随七头披着华美锦缎的大象，象背安置鎏金的莲花宝座，象头装饰着金丝、金辔。跟随在象队后面的是仪仗队，身着五彩甲胄，分别持高旗、大扇、画戟、长矛。其后又有众多勇士背斧扛盾、带剑持棒，身着各色服饰，护卫圣驾及公卿百官。至夜三更，皇帝换上青衮龙服，头戴缀有二十四旒的平天宝冠，足踏朱鞋，由两位内侍扶至祭坛之前。坛高三层，共七十二级台阶，坛顶方圆三丈，坐北朝南设“昊天上帝”黄褥，一侧设“太祖皇帝”黄褥，将祭天与祭祖并置。坛下道士云集，礼乐歌舞络绎不绝，坛外百姓数十万众顶礼膜拜，山呼万岁。

② 嘉靖时期的一篇祭天祝文曰：嗣天子臣朱厚熜，敢昭奏于皇天上帝，曰：时维冬至，六气资始，敬遵典礼，谨率臣僚，恭以玉帛牺齐粢盛庶品，各此禋燎，祗祀于上帝。奉太祖开天行道肇纪立极大圣至神文义武俊德成功高皇帝配帝侑神，尚飨。

祭祀过程：

1. 迎帝神：皇帝从昭享门（南门）外东南侧具服台更换祭服后，便从左门进入圜丘坛，至中层平台拜位。此时燔柴炉，迎帝神，乐奏“始平之章”。皇帝至上层皇天上帝神牌主位前跪拜，上香，然后到列祖列宗配位前上香，叩拜。回拜位，对诸神行三跪九拜礼。

2. 奠玉帛：皇帝到主位、配位前奠玉帛，乐奏“景平之章”，回拜位。

3. 进俎：皇帝到主位、配位前进俎，乐奏“咸平之章”，回拜位。

4. 行初献礼：皇帝到主位前跪献爵，回拜位，乐奏“奉平之章”，舞“干戚之舞”。然后司祝跪读祝文，乐暂止。读毕乐起，皇帝行三跪九拜礼，并到配位前献爵。

5. 行亚献礼：皇帝为诸神位献爵，奏“嘉平之章”，舞“羽龠（yuè）之舞”。回拜位。

6. 行终献礼：皇帝为诸神位依次献爵，奏“永平之章”，舞“羽龠之舞”。光禄寺卿奉福胙，进至上帝位前拱举。皇帝至饮福受胙拜位，跪受福、受胙、三拜、回拜位，行三跪九拜礼。

7. 撤馔：奏“熙平之章”。

8. 送帝神：皇帝行三跪九拜礼，奏“清平之章”。祭品送燎炉焚烧，皇帝至望燎位，奏“太平之章”。

9. 望燎：皇帝观看焚烧祭品，奏“佑平之章”，起驾返宫，大典结束。

清光绪三十四年（公元 1908 年）冬至，中国历史上严格意义上的最后一次祀天之礼举行，祭天之后不久，清德宗载湉“崩逝”。公元 1914 年冬至，袁世凯也曾在北京天坛举行过所谓的祀天典礼。

礼莫重于祭，祭莫大于天。冬至祭天表达了为天下苍生祈求风调雨顺的愿望，也体现了对天和自然的尊崇敬畏之情。

皇室祭天，民众祭祖，冬至也是感怀祖德、祭祀祖先的日子。冬至祭祖的记载在汉代就已经有了，《四民月令》中记载：“冬至之日，荐黍羔。先荐玄冥于井，以及祖祢。”这就是说汉人在冬至以羔祭水神玄冥及祖先。但是，汉代的祭祖方式多是墓祀，所以祭祀时间并不固定。魏晋时期，随着墓祀的衰微，祭祀时间趋于固定，基本取四时祭祀，并沿袭成风：“祭寝者，春、秋以分，冬、夏以至日。若祭春分，则废元日。然元正，岁之始；冬至，阳之复，二节最重。祭不欲数，乃废春分，通为四。”《新唐书·礼乐志》里的这段记载很清楚地说明，元日、夏至、仲秋、冬至为祭祖日，也就是祭祀四次。魏晋至隋唐，冬至祭祖已经成为民间节令习俗。宋代，冬至祭祖更是流行，《东京梦华录》载曰：“十一月冬至，京师最重此节。虽至贫者，一年之间，积累假借，至此日更易新衣，备办饮食，享祀先祖，官放关扑，庆贺往来，一如年节。”清代，旗人会于冬至日五更时分，用矮桌供上“天地码儿”或牌位以及“祖宗杆子”，杀猪祭祀。后来，冬至祭祖习俗一直留存下来。比如，我国台湾现在还保存着冬至祭祖的传统，用糯米粉捏成鸡、鸭、龟、猪、牛、羊等象征吉祥中意福禄寿的动物，然后用蒸笼分层蒸成九层糕用以祭祖，并于冬至或前后约定时间，集中到祖祠中按照长幼之序祭拜祖先，俗称“祭祖”。祭祀仪式完成之后还会大摆宴席，招待前来祭祖的宗亲们，称为“食祖。”

民间也称冬至祭祖为“祭冬”，而至今仍流行于浙江台州三门县的冬至祭祖仪式——“三门祭冬”也就成为其中最为兴盛也是传承极为悠久的冬至习俗。

根据三门县志、宗族谱牒等记载，三门祭冬距今已有七百多年的历史。明清时期，冬至祭祖在三门广大城乡盛行，清光绪《宁海县志·风俗》中有记“节朝悬祖考遗像于中堂，设拜奠”，表明此地对祭祖的重视。三门祭祖一年之中一般有两次，清明一般在野外祭祖，而冬至则在室内祭祖，因而有“关冬至门”之说，即祭祖必须在冬至前进行。

三门民间风俗中，冬至这个节日是颇为重要的。据光绪《宁海县志·风俗》卷二十三记载：“冬至，屑糯米粉作汤团，以赤小豆作馅，礼神及祖考。丐者装鬼判状，仗剑击门，口喃喃作咒，谓之‘跨灶王’，即古傩礼。”冬至日家家户户要吃糯米圆，三门人称“冬至圆”，咸甜皆有，老少咸宜，先祀灶神与祖先，然后全家团团圆圆聚餐，名称叫“吃冬至圆”，象征一家团圆。因有冬至加一岁说，就有了几岁得吃几颗圆的习俗。

冬至祭祀列祖列宗的风俗在三门县是历代相传，《石岩李氏宗谱》载："冬至大节，务遵文公《家礼》。当祭始祖，以取一阳始生之义。"冬至作为节候，是阴阳转换的重要时间节点，因此也具有辞旧迎新、继往开来的意义。拜祭祖先、洒扫坟墓，以示敬天念祖之深情厚谊，祈求列祖列宗荫佑家门，祭祖所表达的正在于此。除此之外，冬至祭祀也是团结宗亲的一种手段和一个契机，《台临叶氏宗谱》记载："朱文公云：祖宗虽远，祭祀不可不诚，每岁二祭。春行于墓，冬行于庙，子孙齐集，陈列品物，并宣祖训家箴，各自务默倾听，不得怠傲，庶几上格祖考，而葭福祉之锡，孝孙有庆亦多矣。"

三门祭冬原为"杨家祭冬"，即杨氏冬至祭祖的习俗。杨氏鼻祖叔虞系周武王三子，世袭传承后传至元末迁到三门隐居。明初建立宗祠（家庙）后，即把冬至祭祖作为头等大事，逐渐形成一套礼仪完善、隆重庄严、规模宏大的传授忠孝道德的祭冬仪式，历代沿袭不废。2010年，"杨家祭冬"入选第三批浙江省非物质文化遗产名录。为了更加切实有效地保护二十四节气风俗，做好第四批国家级非物质文化遗产代表性项目申报及项目名称的科学性和完整性，根据国家第四批非物质文化遗产有关申报精神要求，三门县根据专家建议将"杨家祭冬"更名为"三门祭冬"。

如今，三门祭冬的主要过程包括以下环节。

1. 取水。冬至前一天，村民一大早前往大龙岭的高山龙潭取水。取水前需要祭拜，表示对自然给予的感恩、对天赐圣水的答谢。随后，将取到的龙潭水装在一个青花瓷坛里送回杨氏家庙，以备翌日祭祀者净手、洒水之用。这个取水仪式寓意为血脉源远流长、子孙绵延不断。

2. 聚亲。冬至当天，三门县内外的杨姓族人会陆续从四面八方赶来，尤其是近些年从这里迁出的宗亲们，会携祭礼而至。

3. 准备。冬至日凌晨三点，村街巷中就会传出阵阵锣声，提醒大家仪式即将开始。祭祀开始前，参加的人都会沐浴更衣，以示对天地祖先的尊重，而主祭和陪祭等会更换清一色的唐装，并按照规则各就各位。

4. 祭天。祭天主要由主祭朝东、南、西、北对天叩拜，然后三拜九叩，读祝感恩。

5. 拜祖。族人起立，鸣炮奏乐。主祭者等三拜九叩，三献，读祝。礼毕，族人按次序拜祖。之后就是邀请戏班至中堂像前拜请三献读祝，礼毕，由主祭者接过蟠桃献于祖像前，开演祝寿戏。

6. 敬老。午时，举行老人宴，六十岁以上的杨家村老人集中在家庙品尝冬至圆等，八十岁以上的老人每人还可以额外得到些猪肉。戏班子仍在家庙连演五天大戏，整个祭冬宣告完毕。

2014 年，三门祭冬被正式列入国家非物质文化遗产项目。2016 年，包含三门祭冬等在内的“二十四节气”被正式列入联合国人类非物质文化遗产代表名录。

在山西平陆，冬至晚以牲醴祀土神，凡本年修造之处，必要设灯。在江苏仪征等地，冬至节祀土神和火神。江苏武进潘家桥乡在冬至前后祭火神，用芦席在场角搭一小棚，祭祀后，送神时，把神像、纸钱、纸锭放在棚内焚化；待起火后，鸣锣报警，然后取水灭火，近似消防演习。有的乡村请“师长”念咒贴符，求火神不要为祸本村，称“退南方”，无锡也称“谢南方”。广西兴业人于冬至祭财神。江苏丹阳，市肆于五更敬利市神，礼如年初，鞭炮声持续至天明。

七八天处三九天：小寒

小寒三候

雁北乡：大雁开始向北迁移。
鹊始巢：喜鹊开始筑巢。
雉始鸲：野鸡开始鸣叫。

小寒连大吕，欢鹊垒新巢。拾食寻河曲，衔紫绕树梢。
霜鹰延北首，雊雉隐蘩茅。莫怪严凝切，春冬正月交。
——卢相公、元相公：咏小寒十二月节

每年公历 1 月 5 日前后，当太阳运行至黄经 285 度时，是为小寒。在寒冷即将达到极致之时，人们迎来了小寒节气。小寒是表示温度变化的节气。小寒的到来，标志着一年中最寒冷的日子即将到来。《月令七十二候集解》中记载：“十二月节，月初寒尚小，故云。月半则大矣。”意思是天气已经很冷，但是尚未冷到极点，因此称为“小寒”。

“小寒”一过，就进入“三九四九冰上走”的“三九天”了。“三九”多在1月9日至17日，恰在小寒节气内。小寒时北京的平均气温一般在零下5度左右，东北北部地区的平均气温在零下30度左右，秦岭、淮河一线平均气温则在0度左右，江南地区平均气温一般在5度左右，我国大部分地区进入了全年最寒冷的时段，即所谓“小寒、大寒冻作一团”。小寒时节，正为季冬，寒近极致，也意味着这一年又快要走到终点。

一、小寒寒，六畜安：农事

小寒时节，阴冷干燥，是一年中最寒冷的时期。北方大部分地区都在进行歇冬，主要任务依然是做好菜窖、畜舍保暖等工作。民间多在牛棚、马厩烧火取暖，有的要单独铺上草垫，挂起草帘挡风。也有人家会在牲畜饮水中加入少许盐，以补充牲畜体内盐分的流失，增强牲畜的免疫力。南方地区则要注意给小麦、油菜等作物追施冬肥，海南和华南大部分地区主要是做好防寒防冻、积肥造肥和兴修水利等工作。而对于小寒时节的高山茶园，要以稻草或塑料薄膜覆盖棚面，以防止风吹引起枯梢和沙暴对叶片的直接危害。

由于每年的气候都有其相关性，所以有经验的农民往往根据往年的小寒气候推测这一年的气候，以便早早做好农事计划，小寒的节气谚语也多与来年的天气变化和农事活动有关。比如，“小寒暖，立春雪”，小寒天气晴暖，则预示来年立春前后有雪，雨水增多；“小寒寒，惊蛰暖”，小寒天气寒冷，来年春天就暖和；“小寒蒙蒙雨，雨水还冻秧”，小寒节气阴雨天，来年会冷；“小寒无雨，小暑必旱”，小寒无雨，夏季则旱；“腊月三白，适宜麦菜”，小寒前后下雪，适宜小麦、油菜等春作物来年生长。

二、冰雪作生涯：商贸

我国古代社会基本是以农耕为主的经济形式，但随着生产和生活的发展，也逐渐促进了商贸行业的兴起，虽然在“重农轻商”的传统观念的影响之下，对于商业行为和习俗的记载与描绘并不是非常显著的部分，但由于其与人们的日常生活紧密地联系在一起，所以商贸活动也是一年之中，尤其是城镇里面或是农闲时节比较常见的习俗活动。

小寒时节开始形成冰面，古代这个时候，人们便开始凿冰、藏冰，留待酷暑之用，因为寒冬时候的冰块最坚硬，不易融化。据《周礼》记载，周王室为保证夏天有冰块使用，专门成立了相应的机构——冰政，负责人被称为“凌人”。《诗经》中也有“二之日凿冰冲冲，三之日纳于凌阴”，这里所写就是在最冷的季节里时为奴隶的人们凿冰的过程。最初的时候，凿冰与藏冰耗费巨大，一般要经过开采、运输、保存等几个阶段，非一般人家能及。所以除少数极富之家，藏冰多为皇家或官府经营。唐代藏冰还有盛大庄重的祭祀仪式，多是祭司寒[①]于太庙。而皇家的藏冰，除了自用外，也会在三伏天的时候赐给大臣，算是官府礼节中极高的待遇，史称“赐冰”。很多文臣对此深感荣耀，留下了歌咏诗作，如韦应物《夏冰歌》云：“九天含露未销铄，阊阖初开赐贵人。”南宋时，暑月朝会，皇帝都要赐冰以示恩惠。元代也有赐冰之事，萨都剌《上京杂咏》诗云：“上京六月凉如水，酒渴天厨更赐冰。”清代，朝廷会印发冰票给各官署，由工部负责，按数领取。但一般小官，是享受不到这种待遇的。北京市西城区东北部现有冰窖口胡同，便是因为其地原有清代内宫监冰窖而得名。

大约宋、明之际，私人经营性质的藏冰开始出现。《梦粱录》记载茶肆于“暑天添卖雪泡梅花酒”，可以证明宋代已有私人藏冰并用于经销冷饮。南宋诗人杨万里《荔枝歌》有云：“北人冰雪作生涯，冰雪一窖活一家。”从诗中可以推测，当时藏冰并于酷暑时售卖的收入相当丰厚。到了清代，商业藏冰有了更大的发展，甚至出现了专门经营的“冰户”。据记载，清乾隆年间，天津冰窖业极为发达，因为天津地处九河下梢，海河、北运河等都从城内穿过，是冰窖业发展的优势所在。兴盛起来的冰窖业使得北京城里的贮冰量大增，时至夏季，

---

① 司寒是古代传说的冬神，古时候人们祭祀他，是为了祈求御寒。《左传·昭公四年》：“其藏之也，黑牲、秬黍以享司寒。”杜预注：“司寒，玄冥，北方之神。”杨伯峻 注：“据《礼记·月令》，司寒为冬神玄冥。冬在北陆，故用黑色。”

沿街叫卖冰块、冷饮者比比皆是，冰价也为之大跌。《燕京岁时记》载："京师暑伏以后，则寒贱之子担冰吆卖，曰'冰胡儿'。"《忆京都词》诗云："冰果登筵凉沁齿，三钱买得水晶山。"这些记载都说明由于冰窖的经营，清代时北京城里夏季的用冰已大为普及，成为平民百姓酷暑生活里不可缺少的部分。

三、花木管时令：二十四番花信风

花草树木、飞禽走兽，都按照一定的季节时令活动，比如植物的萌芽、开花、结果和落叶，动物的蛰眠、苏醒、繁育和迁徙，这便是自然物候，也就是节气中五日、五日、又五日的轮转。

花信风，顺应花期而来即为花信。二十四番花信风，即是应花期而至的风，是自然物候里很重要的一个方面。每年冬去春来，从小寒到谷雨的八个节气里共有二十四候，每一候都有一种花卉绽蕾开放，于是便有了"二十四番花信风"之说。北宋后期以来，关于"二十四番花信风"相对明确的说法开始出现并流行起来。陈元靓《岁时广记》中有：

《东皋杂录》：江南自初春至初夏，五日一番风候，谓之花信风，梅花风最先，楝花风最后，凡二十四番，以为寒绝也。后唐人诗云“楝花开后风光好，梅子黄时雨意浓”，徐师川诗云“一百五日寒食雨，二十四番花信风”，又古诗云“早禾秧雨初晴后，苦楝花风吹日长”。

今所见完整的“二十四番花信风”名目始见于明初王逵《蠡海集》，后世有关“二十四番花信风”的整套说法都出于此：

二十四番花信风者，盖自冬至后三候为小寒，十二月之节气，月建于丑。地之气辟于丑，天之气会于子，日月之运同在玄枵，而临黄钟之位。黄钟为万物之祖，是故十一月天气运于丑，地气临于子，阳律而施于上，古之人所以为造历之端。十二月天气运于子，地气临于丑，阴吕而应于下，古之人所以为候气之端，是以有二十四番花信风之语也。五行始于木，四时始于春，木之发荣于春，必于水土，水土之交在于丑，随地辟而肇见焉，昭矣。析而言之，一月二气六候，自小寒至谷雨，凡四月八气二十四候。每候五日，以一花之风信应之，世所异言，曰始于梅花，终于楝花也。

每年冬去春来，从小寒到谷雨的八个节气里共有二十四候，每一候都有一种花卉绽蕾开放，于是便有了“二十四番花信风”之说：

小寒：一候梅花、二候山茶、三候水仙；
大寒：一候瑞香、二候兰花、三候山矾；
立春：一候迎春、二候樱桃、三候望春；
雨水：一候菜花、二候杏花、三候李花；
惊蛰：一候桃花、二候棣棠、三候蔷薇；
春分：一候海棠、二候梨花、三候木兰；
清明：一候桐花、二候麦花、三候柳花；
谷雨：一候牡丹、二候荼蘼、三候楝花。

小寒时节第一候为梅花傲雪。梅花是我国传统社会中比较典型的文化符号，融汇于人们的生产生活之中，成为人们冬日生活的一抹亮色。《诗经》即有“摽有梅，其实七兮。求我庶士，迨其吉兮。摽有梅，其实三兮。求我庶士，迨其今兮。摽有梅，顷筐塈之。求我庶士，迨其谓之”的记载，当是求取婚恋的一首爱情诗词。南北朝时期，出现了“梅花妆”，是女性的妆容之一。《太平御览·时序部》引《杂五行书》记载：“宋武帝女寿阳公主人日卧于含章殿檐下，梅花落公主额上，成五出花，拂之不去，皇后留之，看得几时，经三日，洗之乃落。宫女奇其异，竞效之，今梅花妆是也。”可能是用梅花图案用于妆容的开端[①]。北宋处士林逋隐居于杭州孤山，只植梅放鹤，而不娶妻不生子，因此被称为“梅妻鹤子”。

① 梅花妆主要是在额上画一圆点或多瓣梅花状图形，但腊梅不是一年四季都有，于是就用很薄的金箔剪成花瓣形，贴在额上或者面颊上，这种装扮一时成为民间女子、官宦小姐及歌伎舞女们争相效仿的时尚妆容，一直到宋代都非常流行。

南宋范成大居于苏州时搜集梅花品种多个，并写成一部梅花专著——《梅谱》。梅花傲雪凌霜，常与松、竹并作“岁寒三友”，或与兰、竹、菊同为“四君子”，以显其高洁、典雅与坚贞。

小寒时节第二候为山茶怒放。山茶不畏严寒、红装耐久，从寒冬到翌年春归都有开放，因此在中国传统文化中是生机勃勃和健康长寿的象征。隋唐时代，山茶花已经作为观赏花品入主人们的日常生活了，到了宋代栽培山茶花之风气越来越盛。宋代有很多描写山茶的诗词，比如：“雪几茶花雅，风炉柿叶香。”南宋诗人范成大曾以“门巷欢呼十里寺，腊前风物已知春”来描写当时成都海六寺山茶花的盛况。山茶顶风冒雪，能在寒冬久开不败，也被赞誉为胜利之花。

小寒时节第三候为水仙凌尘。据考证，水仙并非我国原产，当是隋唐五代时期寄住的蕃客（即移民）携带而来。北宋以来，文人开始歌咏水仙，使其成为无惧严寒、冰清玉洁的代言人，《广群芳谱》载：“水仙花江南处处皆有之。”民间传说，尧帝立舜为继承人，并把自己的两个女儿——娥皇与女英一同嫁给舜为妻。后来舜帝巡视南方时突然病故，娥皇、女英得到噩耗，双双殉情于湘江，上天将二人的魂魄化为江边水仙，二人遂成为水仙花神。

过了大寒，又是一年：大寒

大寒三候

鸡始乳：母鸡开始孵化小鸡。

征鸟厉疾：猛禽像箭一样迅猛地扑向地面的猎物。

水泽腹坚：水面结了最厚的冰。

腊酒自盈樽，金炉著炭温。大寒宜近火，无事莫开门。
冬与春交替，星周月讵存？明朝换新律，梅柳待阳春。
——卢相公、元相公：咏大寒十二月中

每年公历 1 月 20 日前后，当太阳运行至黄经 300 度时，是为大寒。在忙忙碌碌的筹年活动中，人们迎来了大寒节气。顾名思义，大寒是一年中极为寒冷的一段时间。《月令七十二候集解》："十二月中，解见前（小寒）。"《授时通考 · 天时》引《三礼义宗》载："大寒为中者，上形于小寒，故谓之大。自十一月阳爻初起，至此始彻，阴气出地方尽，寒气并在上，寒气之逆极，故谓大寒也。"大风、低温、积雪，我国大部分地区时常呈现出一派天寒地冻的萧条景象，此时松梅傲雪则是最美的自然景观，晋傅玄《大寒赋》有：

五行倏而竞骛兮，四节纷而电逝，谅暑往寒来，十二月而成岁，日月会于析木兮，重阴凄而增肃，彩虹藏于虚廓兮，鳞介潜而长伏，若乃天地凛冽，庶极气否，严霜夜结，悲风昼起，飞雪山积，萧条万里，百川明而不流兮，冰冻合于四海，扶木憔悴于汤谷，若华零落于蒙汜（sì）。

节气交大寒，意味着一年即将画上句号，也意味着又一个生机勃勃的春天很快就要到来。

一、农者尤苦辛

大寒期间，万物肃然，很少再有繁茂的作物需要打理，因此各地的农活一般很少。但是日出而作、日落而息的田间耕作虽然减少，农人们却依然奔忙于各种来年的农事准备工作中，以求开春有个好的开始。北方农人忙于积肥，为开春的农耕做些准备，南方农人则是以加强小麦及其他作物的田间管理为主。而对于果木或是畜牧农事，一般还是以防寒防冻为主，做好保暖工作，随时注意预防雪灾。

《吕氏春秋》载："大寒既至，霜雪既降，吾是以知松柏之茂也。"大寒期间如有大雪降落，对冬小麦十分有利，盖在麦苗上的大雪可以保持地温，有效地避免麦苗被冻伤，于是农谚中有"腊月大雪半尺厚，麦子还嫌被不够"的说法。所以，大寒应该冷一些："大寒见三白，农人衣食足。""三白"指下几场大雪，严寒会冻杀很多害虫的幼虫与虫卵，与此同时积雪将会在来年化作水分，使得农作物丰收，农民丰衣足食。大寒忌晴、宜雪的说法至少在宋时就有了，宋代欧阳修

《喜雪示徐生》诗："常闻老农语，一腊见三白。是为丰年候，占验胜蓍策。"反之，如果腊月低温并不明显，则应提前做好灭虫、抗旱的准备："大寒不寒，人马不安。"

农闲时节，做些准备工作是非常必要的，清代陆棋斗有一首《当湖竹枝词》写道："米藏藁囤及时舂，酿酒村庄腊白浓。屈指大寒逢戌日，土功兴作趁残冬。"冬天就要过去了，为了来年春种，人们也会做好土地的准备工作。古时人们早已从生产实践中认识到了土地连续耕种将会导致肥力减退的情况。要制止土地肥力下降，就必须施肥，以保持和增进土地肥力。早在南宋时期，杭州就已有专人收集和运送城市的人粪，《梦粱录》载："杭城户口繁伙，街巷小民之家，多无坑厕，只用马桶，每日自有出粪人瀽去，谓之'倾脚头'。各有主顾，不敢侵夺。或有侵夺，粪主必与之争，甚者经府大讼，胜而后已。""更有载垃圾粪土之船，成群搬运而去。"明清以来，冬季积肥工作几乎达到了空前未有的程度，城市里不仅有挑粪担的，而且道旁都有粪坑，而这种粪坑往往租给乡下富农，留作积肥之用。

大寒时节，我国的岭南地区有捉田鼠的习俗。因为此时农作物已经基本收割完毕，平时看不到的田鼠窝开始显露出来，所以这个时节也成为岭南地区集中消灭田鼠的重要时间段。而且，当地还有吃田鼠的饮食习惯，所以捉田鼠也不仅仅是一项农忙活动，甚至成了人们打野味的好时候。

二、凝寒迫清祀：祭祀

“大寒”是农历腊月的节气，古人称农历十二月为腊月，进入腊月还要进行一个重要的“腊祭”活动。《说文解字》中解释“腊”字：“腊，冬至后三戌，腊祭百神。”

腊是周朝后期开始的年终祭祀宗族祖先、门户居室的专祭，以猎获的禽兽为祭品。腊祭之礼是一年中隆重的神灵献祭仪式之一，它与春社一道构成年度祭祀周期。腊祭是祭祀周期的终点，也是重点，因为它有着催生新的时间的特殊意义。在上古三代，腊祭有着原始的宗教典礼的意味，《月令》中有“（孟冬）是月也，天子乃祈来年于天宗，大割牲祠于公社及门闾，腊先祖五祀，劳农休息之”。

《史记·秦本纪》：秦惠文王“十二年（前326年），初腊”。秦国也承继着中原的腊祭。秦始皇三十一年（前216年）十二月，始皇为求仙术，“更名腊曰‘嘉平’”，用恢复夏代腊祭的名号，来求取长生之术。汉代仍以腊名，《风俗通义·祀典》：“汉改为腊。腊者，猎也，言田猎取兽，以祭祀先祖也。”周朝重视的“腊先祖五祀”的腊祭内容，在汉代礼教政治的背景下，重新受到社会上下的重视，并且将其融入逐渐形成的岁时节日体系。无论是严肃的祭祀，还是纵情狂欢，其根本的意图在于对旧岁神佑的报偿与对来年丰收的祈求。后世的腊日正传承着这新故交接的人文意义。

腊祭在汉代同样是“岁终大祭”，但其宗教性的时祭意义大为削弱，已不像上古三代那样作为朝廷大礼，它主要是作为一个民俗节日进行祭祀庆祝，因此腊日不再是一个盛大的时间仪礼过程，它有相对固定的时间点。汉代以冬至作为确定腊日的时间基点，并根据其行运的衰日，选定冬至后的一个戌日为腊日。《魏台访议》："王者各以其行盛日为祖，衰日为腊，汉火德，火衰于戌，故以戌日为腊。"在西汉前期，腊日在冬至后第几个戌日，尚不确定。汉武帝《太初历》颁行之后，确定在冬至后的三戌为腊日（闰岁为第四戌），所以《说文》曰："腊，冬至后三戌腊祭百神。"出土的几件汉简历谱也证明了《说文》记载的准确。地节元年（前 69 年）历谱记载的腊日在冬至后的第四个戌日，当时的冬至日在十一月九日癸酉，腊日在十二月十七日庚戌，这年是闰岁；永光五年（前 39 年）历谱所记腊日正好在冬至后的第三个戌日，"十一月辛丑朔小，十日庚戌冬至。十二月庚午朔大，十七日丙戌腊。"晋朝时腊节虽承魏以丑日为腊，腊节时间也以十二月二十日为腊日。可见腊日约在冬至后第三十七天，在大寒与立春两个节气之间。腊祭、腊日的原始意义在于驱除寒气，扶助生民，《风俗通义》："大寒至，常恐阴胜，故以戌日腊。戌者温气也。"汉朝人仍然持有对腊节的原始宗教意义的理解。

汉代腊日相当于后世的大年三十，虽然它与正月元旦之间没有年三十与初一那样在时间上前后相接，腊正之间在送旧迎新性质上紧密相连。《史记·天官书》记述了西汉时腊节的情形："腊明日，人众卒岁，一会饮食，发阳气，故曰初岁。”人们在腊日期间休息、团聚。

腊日除团聚庆祝外，还有一个重要节俗就是送寒逐疫。处在年度周期新旧更替的时段上，《礼记·月令》曰：“（腊月）是月也，日穷于次，月穷于纪，星回于天，数将几终，岁且更始。”日月星辰轮转一周，到了终点，也回到了起点，在卦历上，属于艮卦，《周易·说卦第十》：“终万物、始万物者，莫盛于艮。”这里的星有人说是“昏参中”，也有人说是大火旦中，从古人的以大火定季节的习俗看，大火旦中说较为可信。《左传·昭公三年》：“火中寒暑乃退。”注文说：“心以季夏昏中而暑退，季冬旦中而寒退。”大火旦中预示寒气将退，腊日的选择大概就参考了这一星象。因腊日与大火的关系，人们对火神及火神在人间的化身灶神自然产生崇拜，因此腊日祀灶也在情理之中。季夏、季冬祀灶的习俗在中国古代有着对应的关系，这与大火的季节出现有关，先秦“灶神，常祀在夏”，随着人们阴阳观念的变化，秦汉时期作为夏季“常祀”的祀灶祭仪逐渐集中到季冬时节的腊日。“寒退”是腊日的自然气候，腊日深层的意旨就是人与天应促成寒气的及时退隐，以利阳气的上升。因此东汉蔡邕在《月令章句》中说：

日行北方一宿，北方大阴，恐为所抑，故命有司大傩，所以扶阳抑阴也。

自先秦以来就有的岁末驱傩仪式在东汉仍旧隆重举行，并且以新的传说来说明岁末驱傩的必要：传说帝颛顼有三子，生而亡去为鬼，一居江水，为瘟鬼；一居若水为魍魉；一居人宫室枢隅处，喜好惊吓小儿。颛顼在月令时代是主管冬季的天帝，汉时却演变为恶鬼之父，颛顼神格的变化表明了民众对天道信仰态度的变化，天如人界有善有恶，人们亦可根据自己的力量来驱除、抑制邪恶。因此，蔡邕《独断》中载：

命方相氏，黄金四目，蒙以熊皮，玄衣朱裳，执戈扬盾，常以岁竟十二月从百隶及童儿而时傩以索宫中，殴疫鬼也。

驱傩的仪式一般在腊日前一夜举行，将房屋内的疫鬼驱除后，在门上画上神荼、郁垒二神像，并在门户上悬挂捉鬼的苇索，以保证家居的安全。汉朝另一则防卫巫术，是岁暮腊日在住宅四隅埋上圆石及七枚桃弧，这样“则无鬼疫”。在古代宗教年度周期中，腊祭的次日是新岁之始，“初岁”之说，正是古年俗的遗留。自从以夏历正旦为岁首之后，腊日就成为与夏历年首协调配合的岁末节日，因此，腊与新年之间存在着一段时间距离。这样腊明日在秦汉之时也就成为“初岁”或“小新岁”。传统中国的时间观中有着较强的更新意识，人们以流动的变化的观念对待时间的流转，旧的时间中意味着新时间的发生，旧未去，新已到。腊日正处在新旧更替的交接点上，因此尽力地逐除，是为了新春的到来，驱疫逐邪活动的本身就在为阳春的到来开辟道路。《论衡·解除》“岁终事毕，驱逐疫鬼，因以送陈、迎新、内（纳）吉也”，送旧迎新纳吉正是腊日庆祝盛大热烈的动力所在。

春雨惊春清谷天，夏满芒夏暑相连，秋处露秋寒霜降，冬雪雪冬小大寒。又是大寒之际，又到一年终点，二十四番节气过，也有风雨也有晴。在各种天气与物候之中，人们匆匆走完了一个年岁，与自然为伍，以己力为功，有付出，也有收获，有忐忑，也有喜悦。在自然休歇的寒冬之中，人们又在开始筹划下一个春天。

危机·转机·生机：二十四节气的保护与传承

二十四节气作为中国古人通过观察太阳周年视运动，认知一年中时令、气候、物候等方面变化规律所形成的知识体系和社会实践，相当准确地反映了天象、时令、气候、物候在一年中的变化及其相互关系，自汉代定型之后，两千年来一直在国计民生中发挥十分重要的作用。二十四节气在传统社会没有生存危机可言，当下却出了问题，成为需要有意识加以保护的文化遗产。

一、二十四节气当代生存危机的表现及出现原因

（一）二十四节气当代生存危机的具体表现

1. 二十四节气的时间表记意义大大降低。二十四节气首先是一种记时方式，是中国人对于时间的一种切分方法。节

气与岁（年）、时、月、旬、日、时辰、刻等一起构成了中国传统社会基本的时间单位。但现代社会，我们的记时制度发生了深刻变化，年、时、月、星期、日、小时、分、秒等成为基本时间单位，至于二十四节气，许多人连完整的名称也说不出了。

2. 节气作为国家行政和举行国家祭祀礼仪时间节点意义的失落。“钦若昊天。历象日月星辰。敬授民时”[①]，是古代帝王的大事；而重要的节气日一直是国家行政的时间节点，是月令的重要内容。此外，被视为“国之大事”的祭祀礼仪通常也在节气日举办，如冬至日祭天、夏至日祭地、春分日朝日、秋分日夕月、霜降日祭旗等。现在，国家政策的制定、颁布、实施一般不会选择“有意味”的时间，很少将其与节气联系起来。

3. 节气日的习俗活动大量减少。在长期的历史发展中，节气积淀了相当深厚的文化内涵，每个节气都拥有或多或少的习俗活动，一些节气日还发展成为重要的节日，习俗活动十分丰富。但是如今堪称节日的节气日已为数不多，能够保留下来的习俗活动数量少且流行不够普遍。

4. 节气作为农业生产指南的作用大大下降。农业生产最讲究不误农时，对准确把握播、耘、收、藏的时机提出了要求。二十四节气的产生与农业生产密切相关，形成之后又成为农

---

① 十三经（全一册）·尚书》，中州古籍出版社 1988 年版，第 1 页。

业生产的重要指南。然而，如今这种作用大大下降了，许多农业生产劳动者已经不再依赖二十四节气而是依赖天气预报。反季节果蔬的生产更与节气失去了联系。

5. 节气作为日常生活风向标的功能不再突出。在传统社会，节气不仅关乎生产，亦深系生活，往往对人们的衣食住行具有规范作用和提示意义。如《礼记·月令》载夏至时，君子要“齐戒。处必掩身。毋躁。止声色。毋或进。薄滋味。毋致和。节耆欲。定心气”①，对人们在夏至期间的生活起居均做了具体要求。又如有谚语云“小雪腌菜，大雪腌肉”，告诉人们根据节气安排饮食所需。但是现在许多人已不再关心节气与生活的关联。

伴随着二十四节气在时间制度、国家事务、农业生产、日常生活领域的普遍式微，我们对节气的认知和理解也已大打折扣。

（二）二十四节气当代生存危机形成原因

二十四节气当下的生存危机是多种因素综合作用的结果。

首先，它与近现代以来深刻的社会变迁密切相关。中国长期以来以农立国，二十四节气在农业生产方面发挥着重要作用，人们很大程度上是通过农业生产对节气的依赖性来认识节气并利用节气的。随着农业社会向工业化社会乃至后工业化社会的

① 《十三经（全一册）·礼记》，中州古籍出版社1988年版，第61页。

变迁，城市化进程的加快，越来越多的人脱离了农业生产，进入第二、三产业，第二、三产业依赖于更加精细的时间制度，与季节、时令转变的关系相对疏离，二十四节气的时间表记功能，对农业生产、日常生活的指示功能均在很大程度上弱化。

其次，它与顺天应时这一文化精神的丧失有关。前文已经阐述，顺天应时是二十四节气的文化精神。在古人心中，天时是人事活动成败的决定性因素，节气日作为阴阳转化节点的特殊时间，具有影响人事祸福的神秘力量，人必须遵循自然规律，顺应自然时序变化而适时调整自己的行为方可圆满。节气日之所以在传统社会成为国家行政的时间准绳、农业生产的指南针、日常生活的方向标，是这一文化精神下的自然结果。近代以来，受西方文化的影响，以及对科学技术的崇尚，控制自然、超越自然代替了顺应自然、遵循自然，节气日的神秘力量丧失殆尽，其重要性和受关注度也大大降低。

再次，是历法变更的结果。二十四节气是中国传统历法的有机组成部分，民国以后，源自西方的公历纪元法代替了传统历法成为官方正式历法，尽管在国家颁布的历书中还有二十四节气的一席之地，但重要性明显下降。包括二十四节气在内的中国传统历法被称为“农历”“阴历”就是重要性明显下降的表现。

最后，人们对于二十四节气的价值和意义认识不足，珍视不够。二十四节气是中华传统文化的综合载体，既有国家祭典，又有生产仪式和习俗活动，还有谚语、歌谣、传说、诗词、工艺品、书画等各种文艺作品，是中华民族珍贵的文化遗产。然而近年来人们对这份宝贵的文化遗产并没有予以珍视。而面对它的式微，也只是到了近几年随着非物质文化遗产保护工作的开展才开始予以重视并加以保护。

二、入选人类非遗名录是二十四节气生命史上的重要转机

二十四节气是值得保护、也需要保护的文化遗产。2006年，“农历二十四节气”被列入我国第一批国家级非物质文化遗产名录，开启了国家层面对二十四节气的保护工作。2011年和2014年，九华立春祭、班春劝农、石阡说春、三门祭冬、壮族霜降节、苗族赶秋、安仁赶分社等又被列入该遗产项目的扩展名录。2016年11月30日，在埃塞俄比亚首都亚的斯亚贝巴召开的联合国教科文组织保护非物质文化遗产政府间委员会第十一届常会经过审议，将“二十四节气——中国人通过观察太阳周年运动而形成的时间知识体系及其实践”列入人类非物质文化遗产代表作名录，这一事件，将二十四节气的保护与传承工作推进一个新阶段，同时也使二十四节气的生存危机迅速改变，出现了生命史上的重大转机。

一方面，“二十四节气”成功入选代表作名录，是中华

文化对世界的重要贡献，体现了国际社会对保护“有关自然界和宇宙的知识和实践”类非物质文化遗产的重视，也意味着对这一优秀文化遗产的认可和对中国承担保护职责的信任。这种国际层面的认可与信任，肯定了二十四节气对人类文化多样性的重要贡献，大大激发了国人的文化自豪感和自信心，对于提升二十四节气的传承自觉有着重要而深远的意义。截至 2020 年 12 月，我国已有 42 个项目列入联合国教科文组织非物质文化遗产名录（名册），数量居世界第一。其中，共有 34 个项目列入代表作名录，7 个项目列入急需保护名录，1 个项目列入优秀实践名册。可以说，没有哪一个项目像二十四节气这样引起如此广泛的关注。

另一方面，入选人类非遗代表作名录，也要求国家动员各种社会力量，采取更加有组织、有计划的保护措施，积极承担履行联合国教科文组织《保护非物质文化遗产公约》的责任，以促进二十四节气的生机重振和存续发展。二十四节气一经入选人类非遗代表作名录后，出席保护非物质文化遗产政府间委员会第十一届常会的中国政府代表团就表示：“我们将以此为一个新的起点，根据业已制定的保护计划，与相关社区、群体和个人一道积极实施系列保护措施，认真履行各项义务和责任，让更多的国家、社区、群体和个人认识、了解‘二十四节气’这一知识体系及其实践活动，并创造条件确保相关社区和群体在保护中发挥重要作用，同时吸引更多的年轻人加入到传承与保护的行列中来，激发其积极性和自觉性，使‘二十四节气’这一重要的文化遗产在当代社会文化生活中焕发出新的活力。”

其实，为确保“二十四节气”的存续力和代际传承，早在2014年5月，就在文化和旅游部（原文化部）非物质文化遗产司的直接领导下，由中国非物质文化遗产保护中心作为协调单位，中国农业博物馆作为牵头单位，协同中国民俗学会以及河南省登封市文化馆、湖南省安仁县文化馆（非遗保护中心）、贵州省石阡县文化馆等社区、群体成立了二十四节气保护工作组，并联合制定了《二十四节气五年保护计划（2017—2021）》。根据该计划，相关部门每年组织举办两期“二十四节气”保护与传承培训班，以期在五年内培训300人。培训内容包括“二十四节气”的专门知识、保护行动及其策略举措。同时，还组织来自农学、天文学、民俗学等学科的专家、学者为中小学生编写“二十四节气”知识读本，开设专题讲座，并设计或组织形式多样的实践活动。此外，还在全国范围内开展“二十四节气”调查，记录该遗产项目的存续现状，全面搜集口头资料。同时，组织有关机构、专家、学者开展二十四节气学术研究，每两年举办一次专题学术研讨会，每五年举办一次国际学术研讨会，交流保护经验，促进跨学科对话，出版研究成果。[1]

自二十四节气入选人类非遗代表作名录以来，各方面讲

---

① 《文化部联合多部门推“二十四节气”五年保护计划》，参见环球网 http://china.huanqiu.com/hot/2016-12/9783820.html

一步加大了保护与传承的力度，动员了政府部门、大众传媒、基层社区、社会团体、专业机构、个人等多方行动方在内的保护传承力量，开展了许多卓有成效的工作。

以中国民俗学会为例，就先后与多个单位和社区联合成立了多个研究机构，比如与文化部恭王府管理中心成立二十四节气研究中心，与浙江衢州柯城区联合成立中国立春文化研究中心，与浙江三门县联合成立中国冬至文化研究中心等，召开了“二十四节气保护工作专家座谈会”（2016 年 12 月 22 日，北京）、“二十四节气保护与传承学术研讨会”（2017 年 3 月 20 日，北京）、“2017 冬至文化论坛”（2017 年 12 月 22 日，浙江三门）、“首届立春文化传承保护研讨会”（2017 年 2 月 3 日，浙江衢州）“中国立春文化与二十四节气学术研讨会”（2018 年 2 月 4 日，浙江衢州）等学术会议，与中国农业博物馆联合主办二十四节气保护传承能力建设培训班（2018 年 2 月 5 日，浙江衢州），参与“二十四节气”保护工作暨摄影作品展通气会（2018 年 5 月 18 日）等等。[①]

10 个代表性传承社区也采取了多种保护措施，以浙江三

① 人类非物质文化遗产代表作项目“二十四节气——中国人通过观察太阳周年运动而形成的时间知识体系及其实践”的群体代表为中国农业博物馆与中国民俗学会，代表性传承社区有 10 个，即湖南安仁县文化馆、花垣县非物质文化遗产保护中心、河南登封市文化馆、内乡县衙博物馆、浙江杭州市拱墅区非物质文化遗产保护中心、衢州市柯城区非物质文化遗产保护中心、三门县非物质文化遗产保护中心、遂昌县非物质文化遗产保护中心、贵州石阡县文化馆以及广西天等县文化馆。

门县非物质文化遗产保护中心为例，针对“三门祭冬”项目，该中心委托专家学者编制“三门祭冬五年保护规划”；在亭旁镇杨家村，海游街道悬渚村、上坑村，健跳镇小莆村等4个祭冬民俗活动重点村建立传承基地并将亭旁镇成功创建为二十四节气（冬至）方向的省级非遗主题小镇；举办4期培训班，邀请专家、传承人授课，共培训200余人；组织三门祭冬图片展20余场；加强数字化保存工作，对三门祭冬视频、会议影像资料、文本进行收集整理，撰写“二十四节气节庆习俗丛书”之《三门祭冬》，拍摄《台州记忆·三门祭冬》宣传片；参加中国农业博物馆举办的“人与自然相处的智慧——二十四节气专题展”和第九届浙江·中国非遗博览会二十四节气专题展览；组织祭冬民俗活动，并进行网上直播，等等；有效地推进了二十四节气文化尤其是冬至文化和三门祭冬项目的保护与传承。而在贵州石阡，为了更好地传承保护好“石阡说春”项目，2017年6月就举办了首届“石阡说春”大赛，邀请来自全县各乡镇（街道）的30名民间传承人——春官参赛，不仅提高了春官的说唱能力，而且提升了社会公众对石阡说春的关注度。此外，当地还将说春引入校园，对年轻一代进行培养。

格外值得一提的是“二十四节气保护联盟”的成立。

2017年5月5日，杭州市拱墅区非遗保护中心作为发起单位，联合浙江衢州、遂昌、三门，河南登封市、内乡县等10个代表性传承社区以及中国二十四节气研究中心、安徽省淮南市非物质文化遗产保护中心成立人类非遗“二十四节气”保护联盟，提出保护倡议。2020 年 12 月 19 日，二十四节气项目保护牵头单位中国农业博物馆又联合相关机构，共同发起组建“二十四节气保护传承联盟”。52 家联盟成员单位审议通过联盟章程，明确联盟的任务是：强化二十四节气保护传承引领带动，营造弘扬优秀传统文化的良好氛围；加强二十四节气文化的系统性整理和研究，组织学术研讨；开展形式多样、丰富多彩的系列活动，推荐文旅产业和经济发展；强化国内外交流合作，促进文明交流互鉴。该联盟的成立，是多元行动方共同参与保护更加自觉的具体表现，对于进一步整合资源提升保护水平，推动二十四节气文化整体保护，最终在全国逐渐建立系统的二十四节气保护、传承、发展体系，具有重要意义。

信息化社会，媒体的作用无比强大，各种新兴媒体和传统媒体是向公众普及二十四节气知识，提升地方性、群体性二十四节气实践活动认知度和美誉度，激发大众保护热情主要平台，媒体的宣传报道也是保护工作的组成部分，而且是十分重要的组成部分。近几年，媒体通过宣传报道各地的节气文化活动、设计开展节气文化活动、发表节气方面的研究成果等诸多方式，对于二十四节气的当下保护和传承也做出了积极贡献。

经过多元行动方数年的共同努力，二十四节气的复兴态势明显。社会大众尤其是青少年对于二十四节气及相关文化的认知和理解明显提升，二十四节气在日常生活的指导性明显增强。2018 年，经党中央批准、国务院批复，将每年秋分日设立为“中国农民丰收节”，更标志着二十四节气再次成为国家重大礼仪活动的时间依据，是二十四节气当代复兴的重要表征。而这一举措，也必然进一步促进二十四节气的存续力，使其焕发勃勃生机。

三、生机：人人都是实践者，人人都是传承人

二十四节气既是中国传统历法的有机组成部分，又是包含着 24 个节气单体的一套完整系统；既是时间知识体系，又包含众多的社会实践活动；它比其他许多非物质文化遗产项目更加复杂，对它的保护行动也就更加复杂。二十四节气的成功保护，不仅体现在不同地方、不同群体创造出来的二十四节气实践活动，诸如九华立春祭、班春劝农、石阡说春、三门祭冬、壮族霜降节、苗族赶秋、安仁赶分社等，能够继续传承和发展；还体现在二十四节气作为一种基本的时间制度仍然在现实生活中被广泛使用，历史上形成的丰富的二十四节气文化还在丰富我们的生活，而我们也在不断发展出新的二十四节气文化。

与许多非物质文化遗产项目是小众的，为某些群体或某个地方社会所创造、享用和传承不同，二十四节气流传久远，播布广泛，是大众的文化遗产，也可以说是全体中国人的文

化遗产。每个人都不同程度地受到节气文化的熏陶并受惠于节气文化。因此，对于二十四节气而言，人人都是实践者，人人都是传承人，人人都应在保护行动中担负责任和义务。中国民俗学会原会长朝戈金曾经指出：“根据《公约》精神及其对保护的定义，政府部门（如文化部、教育部、农业部等）、大众传媒（如今天到会的媒体代表），乃至社会各界（包括许许多多的社会团体、行业组织、社区协会、专业机构、研究中心、中小学等等）都应当纳入多元行动方。其中基层社区、年轻人和儿童更是确保该遗产项目代际传承的重要力量。”构筑多元化行动方协同增效的保护机制，无疑是开展二十四节气保护行动所亟需的。多无行动方一方面应该根据自己的特长，发挥自己在保护行动中的优势；另一方面，应该加强交流与合作，共同承担约定的责任和履行义务。近年来的保护经验也极大地显示了这种保护机制的有效性。

二十四节气本来是大众的生产生活日用文化，只有让它扎根人心，回归生产生活的日用才是实现真正的保护与传承。历史时期，各地的人们不仅身体力行地传承着内在于其中的中华文明的宇宙观和核心价值理念，而且对于二十四节气进行因地制宜、因俗制宜的创造性利用，形成了十分丰富的物质文化和精神文化，今天，我们在享用古人智慧的基础上，还应该创造出我们这个时代的新的二十四节气文化并应用于生产生活之中，以使二十四节气文化活态传承，历久弥新。

参考文献

《十三经（全一册）》，中州古籍出版社，1992年影印本。

［汉］董仲舒撰，［清］凌曙注：《春秋繁露》，中华书局，1975。

［汉］司马迁：《史记》，中华书局，2013。

［汉］班固：《汉书》，中华书局，2012。

［汉］许慎撰，［清］段玉裁注：《说文解字注》，上海古籍出版社，1988。

［晋］郭璞注、［清］郝懿行笺注、沈海波校点：《山海经》，上海古籍出版社，2015。［南朝宋］范晔：《后汉书》，中华书局，1965。

［南朝梁］宗懔著、宋金龙校注：《荆楚岁时记》，山西人民出版社，1987。

［南朝梁］崔灵恩撰、［清］王仁俊辑：《三礼义宗》，玉函山房辑佚书影印版。

［唐］李延寿：《北史》，中华书局，1974。

［唐］陆羽撰、宋一明译注：《茶经译注（外 3 种）》，上海古籍出版社，2009。

［唐］段成式、张仲裁译注：《酉阳杂俎》，中华书局，2017。

［唐］欧阳询著、汪绍楹校：《艺文类聚》，上海古籍出版社，1995。

［宋］欧阳修、宋祁：《新唐书》，中华书局，1975。

［宋］卫湜：《礼记集说》，四库全书本。

［宋］王应麟撰，栾保群、田松青注：《困学纪闻》，上海古籍出版社，2015。

［宋］孟元老：《东京梦华录》，中州古籍出版社，2010。

［宋］周密：《武林旧事》，光明日报出版社，2014。

［宋］周密：《齐东野语》，上海古籍出版社，2012。

［宋］吴自牧：《梦粱录》，浙江人民出版社，1984。

［宋］李昉等编：《太平御览》，中华书局，1960 影印版。

［元］脱脱等：《金史》，中华书局，2011。

［元］忽思慧撰，张秉伦、方晓阳译注：《饮膳正要译注》，上海古籍出版社，2014。

［明］陶宗仪辑、张宗祥重校：《说郛》，商务印书馆，民国 16 年铅印本。

［明］高濂：《遵生八笺》，人民卫生出版社，2007。

［明］纪坤：《花王阁剩稿》，四库全书本。

[明] 李时珍：《本草纲目》，人民卫生出版社，2005。

[明] 朱橚著，王锦秀、汤彦承译注：《救荒本草》，上海古籍出版社，2015。

[明] 刘侗、于奕正：《帝京景物略》，上海古籍出版社，2001。

[明] 刘若愚：《酌中志》，北京古籍出版社，1994。

[明] 沈榜：《宛署杂记》，北京古籍出版社，1980。

[明] 田汝成：《西湖游览志余》，浙江人民出版社，1980。

[明] 徐光启：《农政全书》，岳麓书社，2002。

[明] 谢肇淛：《五杂俎》，上海书店出版社，2015。

[清] 郭庆藩编著：《庄子集释》，中华书局，2013。

[清] 陈立撰，吴则虞点校：《白虎通疏证（全二册）》，中华书局，1994。

[清] 董浩等编：《全唐文》，中华书局，1983年影印版。

[清] 彭定求等编：《全唐诗》，上海古籍出版社，1986。

[清] 于敏中等编纂：《日下旧闻考》，北京古籍出版社，1981。

[清] 袁枚：《随园食单》，中华书局，2010。

[清] 袁枚：《随园诗话》，上海三联书店，2014。

[清] 顾禄撰、工迈校点：《清嘉录》，凤凰出版社，1999。

[清] 张焘：《津门杂记》，天津古籍出版社，1986。

[清]杜文澜辑：《古谣谚》，中华书局，1958。

[清]潘荣陛、富察敦崇：《帝京岁时纪胜·燕京岁时记》，北京古籍出版社，1981。

[清]潘宗鼎、[民国]夏仁虎：《金陵岁时记·岁华忆语》，南京出版社，2006。

[清]李鸿章等修：《光绪大清会典事例》，光绪朝影印本。

《钦定大清通礼》，四库全书本。

陈广忠译注：《淮南子》，中华书局，2014。

丁世良、赵放主编：《中国地方志民俗资料汇编》，书目文献出版社，1995。

胡朴安编著：《中华全国风俗志》，岳麓书社，2013。

黎翔凤撰、梁运华整理：《管子校注》，中华书局，2004。

马继兴主编：《神农本草经辑注》，人民卫生出版社，2013。

丘良任、潘超、孙忠铨、丘进编：《中华竹枝词全编》，北京出版社，2007。

唐圭璋编：《全宋词》，中华书局，1999。

徐珂编撰：《清稗类钞》，中华书局，2010。

杨伯峻译注：《论语注》，中华书局，2012。

杨伯峻编著：《春秋左传注》，中华书局，2016。

陈来：《中华文明的核心价值》，生活·读书·新知三联书店，2015。

简涛：《立春风俗考》，上海文艺出版社，1998。

柳诒徵：《中国文化史》，东方出版中心，1988。

萧放主编：《二十四节气——中国人的自然时间观》，湖南教育出版社，2017。

张勃、荣新：《中国民俗通志·节日志》，山东教育出版社，2007。

张勃：《明代岁时民俗文献研究》，商务印书馆，2011。

[马来西亚]王琛发：《马来西亚华人民间节日研究（增订本）》，艺品多媒体传播中心，2002年版。

朝戈金：《构筑多元行动方的保护机制——在中国民俗学会二十四节气保护工作专家座谈会上的致辞》，参见中国民俗学网 http://www.chinesefolklore.org.cn/web/index.php?NewsID=1537

冯时：《河南濮阳西水坡45号墓的天文学研究》，《文物》1990年第3期。

黎耕、孙小淳：《陶寺Ⅰ M22漆杆与圭表测影》，《中国科技史杂志》2010年第4期，第371页。

李维宝、陈久金：《中国最早的观象台发掘》，《天文研究与技术》2007年第3期，第301-306页。

刘晓峰：《二十四节气的形成过程》，《文化遗产》2017年第1期。

萧放：《冬至大如年：冬至节俗的传统意义》，《文史知识》2001年第12期。

张勃：《二十四节气的文化意蕴》，《光明日报》2015年12月5日。

张勃：《危机·转机·生机：二十四节气保护及其需要解决的两个重要问题》，《文化遗产》2017年第2期。

中国社会科学院考古研究所山西队、山西省考古研究所、临汾市文物局：《山西襄汾县陶寺城址祭祀区大型建筑基址2003年发掘简报》，《考古》2004年第7期。

《三门祭冬，少长咸集聚亲情》，《浙江日报》2016年12月22日。

《文化部联合多部门推“二十四节气”五年保护计划》，环球网 http://china.huanqiu.com/hot/2016-12/9783820.html

后　记

“芒种忙，麦上场。”这部完成于2018年芒种时节的书稿，是我与山东社会科学院郑艳博士在去年共同种下的冬小麦。天时，地利，人和，成就它夏天的收获。

二十四节气是中国人将回归年划分为24个段落并分别予以命名的一种时间制度，也是围绕这一时间制度形成的观念体系和实践系统。它传承久远，播布广泛，为全国各地所采用，并为多民族所共享，内涵丰富，作用重大，影响深远。但近些年来也面临着生存的危机。2016年11月30日，“二十四节气——中国人通过观察太阳周年运动而形成的时间知识体系及其实践”被列入人类非物质文化遗产代表作名录，由此开启了全社会保护的新征程，而研究它的来龙去脉、价值意义并加以普及，树立广泛的文化自信与传承自觉，都是保护工作的题中应有之义。为二十四节气保护贡献一份力量，是我们的愿望，希望本书能产生预想的效果。

本书由我拟订纲目，并撰写了概说、春季节气（惊蛰除外）和“危机·转机·生机：二十四节气的保护与传承”部分，郑艳则撰写了夏季、秋季、冬季节气和惊蛰等内容。与郑艳的合作默契而愉快。

感谢中国书籍出版社社长王平先生，没有他的大力支持，大约此书的出版还要耽搁一段时间。感谢中国书籍出版社牛超主任、责任编辑卢安然的精心安排和编辑。是为记。

北京联合大学 张勃

初稿于2018年芒种日

修改于2020年霜降日

出版后记

中华文明源远流长。在漫长的历史岁月中，我们中华民族创造了辉煌灿烂的文化成就，践行着自己朴素而真诚的人生和社会理想,追寻着具有鲜明特色的伦理价值和审美境界，展示出丰富、生动、深邃的思想智慧。在很长一段时间内，中国文化在世界文明体系中居于领先地位，其影响力和感染力无比强大，从而在铸就中华民族独特灵魂的同时，也为人类文明的发展和进步作出了重要的贡献。

明清之际，由于复杂的原因，中国社会没有能够有效地完成转型，逐步走向封闭和衰落。鸦片战争的失败，更使中国面临数千年未有之变局，使中华民族沦入生死存亡的艰难境地。为了救国于危难，当时的仁人志士自觉不自觉地把目光投向西方，投向西学，并由此对中国传统文化进行了激烈的批判。从洋务运动、戊戌变法，一直到五四新文化运动，在近代中国救亡图存的历史语境中,传统文化的观念和形态，常常被贴上落后、愚昧的标签，乃至被指斥为近代中国衰落和灾难的祸根，就连汉字和中医这样与国人生命息息相关的文化形态，也受到牵连和敌视，被列入需要废除的清单。对本民族文化的这种决绝态度，在世界各民族的历史上都是罕见的，它既反映了我们中华民族创新发展的非凡勇气，也从一个重要侧面，印证了中华传统文化的顽强和深厚。

今天，历史已经走进21世纪，我们中华民族经过不懈的努力和奋斗，迎来了快速发展的良好机遇，国家强盛、民族复兴的曙光就在前方。在这样的时候，在这样的历史背景下，重温我们民族的辉煌、艰难历史，重新认知我们民族的优秀文化和高贵传统，不仅是一种自然的趋势，也是一项庄严的历史使命。理由很简单，我们中华民族要在全球化的背景下真正实现伟大复兴，必须具有足够的凝聚力和创造力，必须具有强烈的自尊心和自信心，而这一切，离不开对本民族优秀文化基因的认同和感念，离不开对优秀传统的继承和弘扬。从这个意义上说，中国传统文化是不绝的源泉，是清新而流动的活水。我们组织出版《中国文化经纬》系列丛书，正是为了汲取丰富的精神滋养，激发我们前行的力量。

本书系计划出版100卷，由著名的中国文化书院组织编写，内容涵盖中国传统文化的各个方面和层级，涉及文学、历史、艺术、科学、民俗等多个领域，力求用通俗易懂的语言，用较少的篇幅，使广大读者对中国历史文化有较为全面的认识，对中国精神和中国风格有较为深切的感受。丛书的作者均为国内知名专家，有的是学界泰斗，在国内外享有盛誉，他们的思想视野、学术底蕴和大家手笔，保证了丛书的学术品质和精神品格。

这是一套规模宏大、富有特色的中国传统文化读本，这是专家为同胞讲述的本民族的系列文明故事，我们期待您的关注和阅读，也等待您的支持和批评。

中国书籍出版社

2015年9月

中国文化经纬·第一辑

从黄帝到崇祯：二十四史 / 徐梓 著
华夏文明的起源 / 田昌五 著
孔子和他的弟子们 / 高专诚 著
老子与道家 / 许抗生 著
墨子与墨学 / 孙中原 著
四书五经 / 张积 著
宋明理学 / 尹协理 著
唐风宋韵：中国古代诗歌 / 李庆 武蓉 著
易学今昔 / 余敦康 著
中国神话传说 / 叶名 著

中国文化经纬·第二辑

敦煌的历史与文化 / 宁可 郝春文 著
伏尔泰与孔子 / 孟华 著
利玛窦与徐光启 / 孙尚扬 著
神秘文化的启示：纬书与汉代文化 / 李中华 著
中国古代婚俗文化 / 向仍旦 著
中国书法艺术 / 陈玉龙 著
中国四大古典悲剧 / 周先慎 著
中国图书 / 肖东发 著
中国文房四宝 / 孙敦秀 著
中印文化交流史 / 季羡林 著

中国文化经纬·第三辑

先秦名家研究 / 许抗生 著

中国法家 / 许抗生 著

中国古代人才观 / 朱耀廷 著

中国吉祥物 / 乔继堂 著

中国科举考试制度 / 张希清 著

中国人的时间智慧：一本书读懂二十四节气 / 张勃 郑艳 著

中国人生礼俗 / 乔继堂 著

中国文化在朝鲜半岛 / 魏常海 著

中华理想人格 / 张耀南 著

中华水文化 / 张耀南 著